Zo

Van dezelfde auteur
Excellent onderhandelen

Roger Fisher/Alan Sharp
(en John Richardson)

Zo krijg je alles voor elkaar

motiveren • inspireren • effectief samenwerken

1998
Uitgeverij Contact
Amsterdam / Antwerpen

Oorspronkelijke uitgever: HarperCollins*Publishers,* New York
Oorspronkelijke titel: *Getting it done*

Vertaling: Ruud van der Helm en André Haacke
Omslagontwerp: Frank Breedveld, Studio Jan de Boer BNO

ISBN 90-254-9881-7
D/1998/0108/654
NUGI 727

Inhoudsopgave

Verantwoording

Dit boek is over een periode van ruim zeven jaar ontstaan. De ideeën die erin staan, gebruiken we echter al decennia lang. Over al die tijd hebben veel mensen aan deze ideeën bijgedragen. We hebben afgezien van een uitgebreid notenapparaat, niet zozeer omdat we willen beweren dat deze ideeën origineel zijn, maar veeleer omdat we zoveel van anderen hebben overgenomen en aangepast dat het onmogelijk is vast te stellen waar wat vandaan komt. Deze verantwoording is bedoeld om hen allen te bedanken. Sommigen verdienen het speciaal te worden genoemd.

We kwamen voor het eerst bijeen rond de tijd dat *Getting to YES* verscheen. We werden voorgesteld door Herb Behrstock van het United Nations Development Program, die ervaring had met ons werk en dacht dat wij een vruchtbare combinatie zouden vormen. Ons eerste woord van dank is dan ook voor Herb. Zonder hem hadden we elkaar nooit ontmoet en was dit boek nooit geschreven.

De focus van Rogers werk was toentertijd de vraag: 'Wat is de beste manier voor mensen om met hun verschillen om te gaan?' Meer in het bijzonder: 'Welk advies kunnen we aan een partij geven om haar te helpen de onenigheid effectiever voor beiden op te lossen?' Het antwoord was 'Principiële onderhandeling', een pragmatische methode om over twistpunten te onderhandelen zonder toe te geven. De focus van Alans werk was de vraag: 'Wat is het beste advies dat je kunt geven aan een groep mensen die al aan dezelfde kant staan en die hun samenwerking willen verbeteren, zodat ze kwalitatief hoogwaardige resultaten boeken en het gevoel hebben hun mogelijkheden optimaal te hebben benut?'

Samen bestudeerden we een gerelateerde vraag: 'Welk advies kunnen we geven aan iemand die een groep effectiever wil laten samenwerken, ongeacht zijn positie?' Dagelijks worden werknemers, bazen, collega's, gezinnen, bedrijven en naties met dit dilemma geconfronteerd. Om deze vraag te kunnen beantwoorden, bundelden we onze ervaring en ontwikkelden het 'lateraal leiderschap', een methode om 'vanaf de zijlijn' leiding te geven, die kan worden gebruikt om een groep voorzichtig in de gewenste richting van betere prestaties te duwen.

Zowel voor als nadat we aan het boek waren begonnen, probeerden we de ideeën op een grote, gevarieerde groep toehoorders uit. We bedanken hen voor hun commentaar en voorstellen.

Alan wil zijn grote dankbaarheid betuigen tegenover wijlen Ralph Coverdale, die hem als eerste de mogelijkheid bood in dit veld werkzaam te worden. Wijlen Bernard Babington Smith was jarenlang Alans mentor. Samen stonden deze twee mannen aan de wieg van de Coverdale Training, en van talrijke ideeën die in dit boek zijn verwoord. We zijn ook dank verplicht aan Alans Deense collega Flemming Madsen, die jaren met Alan heeft samengewerkt aan sommige ideeën.

Chris Thorne besteedde meer dan een zomer om zin te geven aan onze eerste ideeën en een eerste ontwerp op te stellen, dat na vele jaren van aanpassingen dit boek werd. Hoewel de meeste woorden van het ontwerp zijn verdwenen, is het effect van Chris' bijdrage nog overal te herkennen.

Onze zonen, Kevin en Neil Sharp en Peter en Elliot Fisher, hebben veel overwerk geleverd om ons met deze ideeën vooruit te helpen. We bedanken hen voor deze uitwisseling waarvan we nog steeds leren.

We willen ook het werk van Ronald Heifetz noemen, leider van het Leadership Education Project aan de John F. Kennedy School of Government aan de Harvard University. Als psychiater en specialist in leiderschap heeft hij veel voorbereidend werk op het gebied van dit boek verricht. We zijn dankbaar voor zijn boek *Leadership without easy answers* uit 1994, dat op aardige wijze het onderscheid aanscherpt tussen autoriteit en leiderschap.

Doug Stone heeft jarenlang met ons samengewerkt. Aan het begin van dit project heeft hij urenlang samen met ons gebrainstormd. Tegen het einde hielp hij ons door het manuscript te lezen voor het naar de uitgever ging. Al die tijd heeft hij ons onvoorwaardelijk gesteund en aangemoedigd.

Jeff Weiss van Conflict Management, Inc., heeft veel ontwerpen gelezen en ons goed geadviseerd. Hij heeft een zomercursus aan Harvard Law School gegeven, die gebaseerd was op de ideeën in dit boek en heeft ons geholpen het toegankelijker te maken.

Wayne Davis las verschillende ontwerpen en leverde goed werk door ons te vertellen wat we niet moesten weglaten. Zijn enthousiasme en aanmoediging kwamen op een moment dat we het goed konden gebruiken. William Jackson, vele jaren Rogers hoofdassistent tot hij advocaat werd, droeg met zijn energie, vaardigheden en inzichten bij aan dit project terwijl hij er ook veel anderen bij wist te betrekken.

Sheila Heen gaf ons aanwijzingen om de tekst leesbaarder te maken en minder seksistisch te laten klinken. Als er nog steeds dingen in staan die te ouderwets klinken, dan heeft ze waarschijnlijk wel geprobeerd om ons tot wijzigingen aan te zetten.

De bestuurlijk assistent van het Negotiation Project, Lori Goldenthal, besteedde talloze uren aan tekstverwerking. Belangrijker is echter dat zij het beste voorbeeld leverde hoe iemand zonder formele autoriteit haar bazen kan adviseren hoe ze dingen moeten doen en ervoor zorgt dat ze haar dankbaar zijn. Ze heeft Cambridge verlaten en we missen haar.

Caroline Fisher was onze gastvrouw tijdens de lange zomers op Martha's Vineyard waar we het meeste werk hebben verzet. Jarenlang hebben zij en Marie Sharp hun echtgenotes bijgestaan in hun streven deze ideeën op papier te krijgen. Hun steun was kritisch en wordt enorm gewaardeerd.

Kirsten Sandberg, Dave Conti en Janet Dery van HarperBusiness gaven alle drie goed advies over het toegankelijker maken van het boek. Als deze ideeën nu meer mensen bereiken, moeten we hen daarvoor bedanken.

Het is moeilijk de juiste woorden te vinden om John Richardsons bijdrage aan dit boek te beschrijven. Dat we het samen met hem hebben 'geschreven', veronderstelt dat hij onze 'ghostwriter' was die onze namen en ideeën overnam en dit boek zelf schreef. 'Editor' veronderstelt dat hij ons schrijven vorm heeft gegeven, maar zelf verder niets heeft bijgedragen. John schreef het eerste ontwerp van sommige hoofdstukken, herschreef de ontwerpen van andere, voegde verhalen en voorbeelden toe, en bouwde het raamwerk van ideeën uit. 'Geassocieerd auteur' omschrijft zijn bijdrage misschien het best. Bedankt, John.

Roger
Alan
Februari 1998

Inleiding: Waarom dit boek?

Dit boek is voor jou bestemd als je ooit gefrustreerd bent geraakt door de ongeorganiseerde manier waarop je samen met anderen iets tot stand moest brengen. Je hebt waarschijnlijk situaties meegemaakt als de volgende:

Joe: Ik heb over dit karwei nagedacht en ik weet precies hoe het moet worden aangepakt.
Sally: Wacht eens even. Eerst wil ik weten waarom we dit karwei aannemen.
Joe: Dat ligt voor de hand. De baas is ontevreden over de bestaande situatie.
Charlie: Dat is niet onredelijk, maar ik wil dat we voordat we beginnen een tijdschema opstellen.
Bill: Oké. Wanneer moet deze klus geklaard zijn?
Christine: Is iemand, voordat we daar iets over afspreken, hiervoor eindverantwoordelijk?
Bill: Wat jij bedoelt te zeggen, is dat jij vindt dat jij dat moet zijn.
Christine: Nee, dat zeg ik niet. Ik vraag me gewoon af of er iemand eindverantwoordelijk is, en als dat niet het geval is, of iemand dat dan zou moeten zijn.
Joe: Ik weet niet hoe het met jullie zit, maar ik kan hier niet al mijn tijd aan besteden. Ik heb nog genoeg te doen.
Sally: Ik begrijp nog steeds niet wat we precies proberen te doen.

En zo gaat het verder totdat er vooruitgang wordt geboekt of er geen tijd meer over is. Meestal stapt iedereen op, ontevreden over hoe weinig er is bereikt en over de tijd die met dit alles is verspild. Waarschijnlijk vaker dan je je zou wensen te herinneren, heb je je in dit soort situaties bevonden. Dat zegt niets ten nadele van jou. Het geldt voor ons allemaal.

Denk eens na over de hiervoor beschreven gang van zaken. Waaraan heeft deze groep behoefte? Een algemeen antwoord is 'leiderschap'. 'Geen wonder dat ze niets gedaan krijgen. Niemand heeft de leiding.' In onze ervaring kunnen leiders met gezag veel bereiken, maar een betere samenwerking door consensus in het leven roepen valt daar niet onder.

Dit boek is opgezet om je te helpen dingen gedaan te krijgen wanneer je met anderen moet samenwerken. Het gaat ook niet over alles wat een gezaghebbende leider kan bereiken, maar over wat jij kunt bereiken. Het gaat niet over alle mogelijke doelstellingen, maar over de doelstelling een goede samenwerking tot stand te brengen, resultaten te realiseren wanneer jij en anderen samenwerken.

De vaardigheid om jouw collega's ongemerkt de goede richting op te sturen berust in hoge mate op het besef in welke richting zij moeten worden gestuurd.

Een oud spoorwegenverhaal vertelt over een deskundige die te hulp werd geroepen omdat een gloednieuwe diesellocomotief niet functioneerde, ongeacht wat de machinist deed. De deskundige arriveerde, overzag de situatie en gaf de locomotief vervolgens een tikje met een hamer. De machine sloeg direct aan. Toen de spoorwegen van de deskundige een rekening van duizend dollar ontving, vroeg men hem deze te specificeren. Het antwoord luidde:

- De locomotief een tik geven met een hamer: 10 dollar
- Weten waar te slaan: 990 dollar

Hetzelfde geldt in feite voor de taak een goede samenwerking te bevorderen. De juiste stappen die je neemt vormen uiteindelijk slechts een klein deel van het geheel.

Stel jezelf voor als een potentiële leider, ongeacht de feitelijke begrenzingen van jouw officiële bevoegdheid. Je zult keer op keer ervaren dat je dingen ten goede kunt veranderen door de vaardigheden toe te passen van wat wij 'lateraal leiderschap' noemen.

Het doel van dit boek is je in staat te stellen een hoogwaardige samenwerking tussen jou en je collega's te bereiken, dat wil zeggen een samenwerking die kwalitatief hoogwaardige resultaten oplevert. Je kunt dit bereiken zonder de baas te hoeven spelen over jouw collega's en wel door lateraal leiderschap. Deze methode bestaat uit drie fundamentele stappen. De eerste stap is het organiseren en aanscherpen van jouw persoonlijke vaardigheden, waarmee je zelf dingen gedaan krijgt. De tweede stap is je strategisch doel duidelijk te maken door te bepalen wat een geschikte manier is om samen met anderen dingen te bereiken. De derde stap is bepaalde tactieken van participerend leiderschap aan te leren. Je zult je technieken eigen moeten maken, waarmee je als gelijkwaardig groepslid die dingen kunt verlangen, aanbieden en doen die anderen stimuleren in hun vaardigheden om samen te werken.

Deze drie stappen kunnen worden vergeleken met de stappen die een jazzmuzikant moet nemen om zijn combo beter te laten spelen. Eerst moet hij zijn vaardigheden in het spelen van solo's verbeteren. Vervolgens moet hij de verschillende kwalitatieve aspecten van door een groep gespeelde jazzmuziek begrijpen: harmonie, contrapunt, welke achtergrond een solo beter doet uitkomen enzovoort. Alleen dan kan hij stappen ondernemen die ertoe leiden dat zijn bandgenoten als groep beter gaan spelen.

Wij geloven dat jij, en iedereen die in het zakenleven, organisaties, comités of andere samenwerkingsvormen actief is, zo kan handelen dat de onderlinge samenwerking wordt verbeterd waardoor jij en je collega's werkelijk dingen gedaan krijgen.

Deel A

Het overzicht

1 *Dingen gedaan krijgen*

Of je nou zakenman, vakbondslid, stafmedewerker, adviseur of ambtenaar bent, je kunt niet al je doelstellingen in je eentje realiseren. Daarvoor heb je ondergeschikten, collega's, superieuren, leveranciers of afnemers nodig, allemaal mensen van wie je dagelijks afhankelijk bent. Zelfs een dichter heeft te maken met redacteuren en uitgevers. Tenzij je een kluizenaar bent, kun je nooit iets voor elkaar krijgen zonder de hulp van anderen. Je werkt dus samen met anderen.
In de praktijk blijkt dat samenwerking moeilijk is. Robots aan een assemblagelijn zijn geprogrammeerd om met precisie samen te werken. Voor mensen geldt dat niet. Ieder mens beschikt over een eigen geest. En anders dan robots beschikt iedereen over zijn eigen gevoelens: genot, woede, vertrouwen, onveiligheid, vriendschap of jaloezie. We spreken ook oordelen uit over wat wij eerlijk of vals, goed of fout vinden. Dit is de oorzaak dat samenwerking tussen meerdere mensen meestal niet soepel verloopt.

Twee algemene symptomen

De samenwerking is gering

Wanneer mensen samenwerken, raken de meesten ontmoedigd doordat zoveel inzet en inspanning worden verspild. Ieder samenwerkingsverband is het product van een mengelmoes van verschillende benaderingen en ideeën. Iedereen valt

terug op zijn of haar ervaring, intuïtie en gewoontes. Maar iedereen bezit verschillende ervaringen, verschillende intuïties en verschillende gewoontes. Het feit dat individuen verschillend denken, kan van groot belang zijn. Samen kunnen zij meer ideeën en benaderingen opleveren waaruit kan worden gekozen. Verschillen veroorzaken echter ook problemen. Zij maken het moeilijk om efficiënt samen te werken.
Mensen verdoen hun tijd, verspillen hun capaciteiten en raken keer op keer met elkaar in conflict. Iedereen heeft vergaderingen moeten bijwonen die uren kostten en weinig productief bleken. We hebben ontdekt dat er meer tijd wordt besteed aan de organisatie van de gang van zaken dan aan productief werk. Samen met anderen proberen dingen gedaan te krijgen kan zo frustrerend zijn, dat velen ooit weleens de neiging hebben gehad een zware taak liever zelf uit te voeren dan alle heisa aan te gaan die het organiseren en doorvoeren van een gezamenlijke inspanning met zich meebrengt.

En niemand doet er iets aan

Wanneer je er even bij zou stilstaan wat je zelf doet, kan dat een weinig bemoedigend beeld opleveren. Je zou wellicht moeten vaststellen dat jijzelf evenmin een bijdrage levert. Zelfs wanneer je wilt helpen weet je vaak niet hoe. Als je niets zegt zullen de dingen er niet beter op worden. Als je de anderen vertelt dat ze moeten meewerken zullen de dingen er niet beter op worden. Als je erop wijst hoeveel tijd er wordt verspild worden de dingen er niet beter op. Hoe nadrukkelijker je je eigen ongenoegen tot uitdrukking brengt, des te meer word je een onderdeel van het probleem zelf.
Je bent slim genoeg om alle tijd, moeite en emotie die zo vaak worden verspild op waarde te schatten. De mensen met wie je samenwerkt zijn ook slim genoeg. En als jij de samenwerking niet effectiever maakt, doen zij dat ook niet. Hoe komt dat? Dit boek legt uit waarom en wat je eraan kunt doen.

Diagnose: we weten niet genoeg van hoe dingen voor elkaar te krijgen

Er zijn op z'n minst drie oorzaken waardoor het niet lukt de onderlinge samenwerking te verbeteren; drie problemen die iemand moet zien op te lossen voordat hij of zij een groep tot betere gewoontes en gebruiken kan aanzetten.

De persoonlijke vaardigheden zijn beperkt

Zelfs wanneer wij zelfstandig werken zijn de meesten onder ons geen experts in efficiëntie, en onze collega's weten dit. Wanneer wij niet in staat zijn de eenvoudigste situatie – zelfstandig werken – tot een goed einde te brengen, hoe kunnen we dan verwachten dat we een bijdrage kunnen leveren aan de samenwerking met anderen, wat nog complexer is?

We weten allemaal dat er momenten zijn waarop we niet bijzonder efficiënt werken. Misschien ben je het type persoon dat op zoek naar een adres alsmaar blijft rondrijden in plaats van te stoppen om de weg te vragen. Misschien houd je je kasboek niet bij. Je bent waarschijnlijk evenmin een model van volmaakt gedrag in je werk. Merk je weleens dat je van de hak op de tak springt als je een taak wilt uitvoeren, iets oppakt en weer weglegt voordat het is voltooid, om weer aan iets anders te beginnen?

Bovendien begaan mensen steeds weer dezelfde fouten. Een kennis van Alan bezocht hun stamkroeg. Hij imiteerde een lokale popzanger, waarbij hij zijn arm in de hoogte stak en met zijn vuist dwars door het gips van het verlaagde plafond heen ging. Een paar dagen later was hij in dezelfde bar en een klant vroeg hem hoe de schade was ontstaan. Tijdens zijn uitleg herhaalde hij het gebaar en ging weer door het gips heen! Net als hij zouden de meesten van ons meer uit ervaring moeten kunnen leren.

Te vaak blijkt uit onze daden een gebrek aan goede gewoontes om dingen gedaan te krijgen. We hebben geen eenvoudig, betrouwbaar systeem waarmee we de meeste situaties waarmee we worden geconfronteerd, aankunnen. Ook onze collega's hebben niet zo'n systeem. Aangezien de meesten van ons niet verder komen dan het regelen van hun eigen zaakjes, is het niet verwonderlijk dat we geen betere manieren hebben gevonden om een kantoor vol mensen goed te laten samenwerken.

We hebben geen heldere visie op een goede samenwerking

Denk even na. Hoe zou een groep zich gedragen als iedereen effectief samenwerkt? Wat is dat doel van goede samenwerking, waarnaar jij of iemand anders ons zou moeten proberen te leiden?
Dit is een tweede verklaring voor het feit dat het niet lukt de manier te verbeteren waarop jij en anderen dingen gedaan krijgen. Je weet niet wat je voor elkaar wenst te krijgen. Sommigen nemen aan dat coöperatief gedrag neerkomt op 'aardig' zijn tegenover collega's, hoffelijk en vriendelijk en meegaand ten opzichte van hun inbreng. Aardig zijn kan helpen, maar sommigen van de 'aardigste' collega's op kantoor krijgen het minste voor elkaar. (Hetzelfde geldt overigens ook voor de 'onaardigste' collega's.)
Hoe zien de dingen eruit als we het 'goed' doen? Je kunt ongetwijfeld zaken bedenken waar je van af wilt, zoals eindeloze vergaderingen die nergens toe leiden. Maar dat is niet hetzelfde als het hebben van een specifieke visie op wat we anders kunnen doen. Hoe stellen we de agenda voor een beter soort vergadering op? Waarover moeten we praten? Wie beslist erover wie wat gaat doen? Het zal moeilijk zijn van slechte gewoontes af te komen als we geen visie hebben op betere die ze moeten vervangen.
Als je je visie op een goede onderlinge samenwerking verheldert, moet je jezelf niet boven je collega's stellen. Je probeert als gelijke het samenwerkingsniveau te verbeteren.

We weten niet hoe we het gedrag van anderen moeten beïnvloeden

Zelfs als je weet hoe je je eigen werk moet organiseren en een heldere visie hebt op de gewenste coöperatie, bestaat er nog een probleem. Het ontbreekt je waarschijnlijk aan technieken

om anderen beter gedrag te doen aannemen.
Wij hebben mensen leiding zien geven – mensen die al het gezag genoten dat zij wensten – die er niet in slaagden dingen gedaan te krijgen. Slechte gewoontes ontstaan tijdens een heel leven. Ze veranderen niet door een enkel woord. Opdrachten verschaffen niemand nieuwe vaardigheden. De meeste leidinggevenden weten uit ervaring dat duidelijke voorschriften om een 'competentiestrijd' te vermijden, het gemanoeuvreer om bevoegdheden niet helpen voorkomen. En om een goede reden. Als een werknemer eenzijdig de verdediging van zijn stek staakt, kan hij verwachten dat zijn positie steeds verder afbrokkelt.
Als zij die alle autoriteit bezitten het al moeilijk vinden om de kwaliteit van de samenwerking tussen hun ondergeschikten te bevorderen, hoe kun jij – een van die ondergeschikten – dan verwachten dat je het gedrag van jouw collega's kunt veranderen?
Als we ervan uitgaan dat je geen bijzondere expertise hebt wat efficiënt zelfstandig werken betreft, dat je geen duidelijke visie hebt op de 'samenwerkingsgewoontes' die je voor een groep wenselijk acht, en evenmin een strategie om zo'n samenwerking tot stand te brengen, dan heb je drie goede redenen om niets te doen.
Bovendien is niets doen een stuk gemakkelijker.

Benadering: persoonlijke vaardigheden, duidelijke doelstelling, vervolgens invloed

Het lijkt vaak hopeloos een uit elkaar gevallen groep te herstellen. Mensen met verschillende gewoontes op één lijn krijgen is zo lastig, dat we er vaak van uitgaan dat je in je eentje maar weinig kunt uitrichten. Niettemin werken sommige groepen beter samen dan andere. Dat kan niet alleen puur toeval zijn. Zij moeten iets op een andere manier doen.
Als we hier langer over nadenken, beseffen we dat er mensen zijn die een uitzondering zijn. We kennen allemaal wel iemand die, zonder autoritair te zijn, anderen vertelt wat te doen, die orde schept in de chaos. Wanneer hij of zij deel uitmaakt van

een groep zijn er minder meningsverschillen, is ieders blik meer op hetzelfde punt gericht, is er meer energie en grotere harmonie en wordt er meer bereikt. Bij sommige kantoren is dat dan een zogenaamd gepensioneerde veteraan uit de leiding, bij andere een secretaresse. Hoe krijgt zo'n persoon dat voor elkaar? Wat moet jij doen als je zo'n type persoon wenst te worden?

Dit boek geeft je enkele eenvoudige aanwijzingen om zo'n persoon te worden. De doelstelling ervan is jou, de lezer, uit te rusten met bepaalde hulpmiddelen en strategieën, zodat je persoonlijke vaardigheden kunt opbouwen, een heldere visie op een betere samenwerking krijgt en collega's voorzichtig in de richting van deze visie kunt sturen.

Versterk eerst je vermogen bijdragen te leveren door je persoonlijke vaardigheden te verbeteren

Het gemakkelijkste gedrag om te veranderen is je eigen gedrag. Je zet anderen pas tot iets aan als je jezelf ertoe aanzet. Jouw vaardigheid anderen te helpen dingen voor elkaar te krijgen, zal groter zijn als je zelf over een systematische manier beschikt om dingen voor elkaar te krijgen. Je begint daarmee door je eigen persoonlijke vaardigheden te verbeteren.

Terug naar de jazzband. Stel je voor dat je lid bent van deze band. Je wilt dat het beter gaat klinken. Een deel van het proces om de band beter te laten klinken, is zelf een vaardig musicus te worden. Oefening baart kunst, maar verder zal het helpen enkele structurele concepten te leren die van belang zijn om allerlei soorten muziek en ieder willekeurig instrument te kunnen spelen. Te denken valt aan ritmes, toonladders, melodieën en akkoorden. Leren hoe je de andere muzikanten moet 'leiden' is niet hetzelfde als eenvoudigweg de technieken van een dirigent aanleren, anders gezegd, met een stokje op een muziekstandaard tikken en je armen op gepaste wijze rondzwaaien. Of je nu een aangewezen leider of gewoon groepslid bent, je zult de individuele vaardigheid van goed musiceren verder willen ontwikkelen, plus jouw begrip van de fundamentele elementen die jou en anderen behulpzaam zijn. En als jij een goede laterale leider van de band

wordt, zul je ook een goed volger willen zijn.
Denk aan een arts, die ziektes diagnosticeert en behandelt door zijn kennis in relevante categorieën op te delen (het spijsverteringssysteem, de bloedsomloop, het zenuwstelsel, het geraamte enzovoort). Dergelijke categorieën zijn uiterst belangrijke hulpmiddelen voor begrip, voor het overdragen van kennis en voor het gedaan krijgen van dingen.
Als onderwijzers hebben wij ervaren dat het uiterst nuttig is om enkele fundamentele elementen in gedachten te houden ten einde de manier te verbeteren waarop mensen met elkaar onderhandelen; elementen zoals interesses, opties, criteria, communicatie, relaties, toewijding en alternatieven voor onderhandelingen, elementen die van belang zijn voor iedere onderhandeling en cultuur. Deelnemers van werkgroepen met het doel mensen te leren samenwerken, vonden het uiterst nuttig dat ze beschikten over een klein aantal fundamentele elementen, waaronder zij voor hen belangrijke lessen konden groeperen. De nuttigste theorie voor haar beoefenaars is deze die noch een complexe analyse van alle betrokken zaken is noch een gedetailleerde reeks van wat wel en niet mag. Praktisch is eerder een handvol structurele elementen, weinig genoeg om je te kunnen herinneren en talrijk genoeg om nuttig te zijn.
In dit boek stellen wij vijf fundamentele elementen voor, die zeer relevant zijn om dingen voor elkaar te krijgen. Aan elk element wordt een hoofdstuk gewijd:

DOELSTELLING (hoofdstuk 3)
Het is moeilijk om iets goed te doen als je niet weet wat je probeert te bereiken. Sommige doelstellingen geven energie en inspiratie, helpen vooruitgang te meten en beslissingen te nemen. Andere doelstellingen doen dat niet. En mensen die de mogelijkheid krijgen de doelstelling te beïnvloeden, zullen harder werken om de realisatie ervan te bewerkstelligen.

DENKEN (hoofdstuk 4)
We hebben allemaal de neiging weg te zakken in doelloze en willekeurige gedachten. Een paar eenvoudige technieken

kunnen jouw gedachten meer gedisciplineerd en gefocust maken, kunnen je helpen nieuwe ideeën te genereren en deze in uitvoerbare plannen om te zetten. Wanneer mensen samenwerken kunnen deze zelfde technieken de extra hoofden in de groep van een last tot een aanwinst maken.

LEREN (hoofdstuk 5)
Veel over een probleem nadenken biedt nog geen garantie voor een oplossing. Je moet je ideeën testen door ermee in het echte leven te experimenteren. Samen met anderen kun je een aantal *leergewoontes* leren om je *werkgewoontes* te verbeteren.

BETROKKENHEID (hoofdstuk 6)
Mensen kunnen enthousiast of met desinteresse werken. De uitdagingen die je voor jezelf stelt beïnvloeden je persoonlijke betrokkenheid. Hetzelfde geldt voor een groep. In plaats van een laag niveau van betrokkenheid gewoon maar te accepteren, kun je de betrokkenheid bevorderen door taken te verdelen die toewijding stimuleren, en door de *manier* waarop je deze verdeelt.

FEEDBACK (hoofdstuk 7)
Een mogelijke leerstrategie is experimenteren in de werkelijkheid en je denkvermogen testen door de resultaten te observeren. Een andere strategie is profiteren van waarnemingen en het advies van collega's. Je kunt beter worden in het geven en ontvangen van advies. Je kunt die vaardigheden onder je collega's verspreiden. Feedback zou binnen jouw organisatie op een ondersteunende manier kunnen worden gezocht en aangeboden in plaats van binnen een competitieve sfeer.

Je zult je eerst een persoonlijke vaardigheid moeten aanleren om met elk van deze vijf elementen om te gaan, ongeacht of het jouw taak is zelf 'muziek te maken' of een groep zo te beïnvloeden dat zij 'betere muziek maakt'. In beide gevallen zul je duidelijke doelen willen stellen, systematisch denken enzovoort.

Verhelder ten tweede je visie op een goede samenwerking, waarbij samen dezelfde vijf vaardigheden worden toegepast

Denk nogmaals aan de analogie van de jazzgroep. Je wilt weten hoe je moet musiceren *en* je wilt er een duidelijk idee over hebben hoe het klinkt om 'samen goede jazz te spelen'. De grondslagen ritme, noten, toonladders, melodie en akkoorden leveren een praktisch denkkader op voor de vraag hoe je zowel je persoonlijke bekwaamheid kunt verbeteren als de manier waarop de groep speelt. Of je nu informeel als medespeler leidt of officieel 'dirigent' van een symfonieorkest bent, je moet een helder idee hebben over succesvolle samenwerking. Je zult de doelstelling moeten begrijpen die je wenst te realiseren. Voordat je aan de slag gaat om de samenwerking tussen jou en je collega's te verbeteren, moet je weten hoe die verbeterde samenwerking eruitziet (of klinkt).
De hoofdstukken 3 tot en met 7 leggen niet alleen uit welke basiselementen en aanverwante vaardigheden je als individu kunnen helpen dingen voor elkaar te krijgen, ze beschrijven ook de gecombineerde toepassing van diezelfde vijf vaardigheden als doelstelling. Wanneer je een aantal organisatorische manieren om dingen gedaan te krijgen zelf goed hebt begrepen, kun je ze toepassen om het doel gezamenlijk dingen voor elkaar te krijgen te begrijpen.

Leer vervolgens een aantal basistechnieken om goed gedrag in anderen te stimuleren

De vaardigheden die je aanleert om zelf dingen efficiënt gedaan te krijgen, werpen ook licht op de doelstelling van een effectieve samenwerking met anderen. Zij zullen ook je persoonlijke vaardigheid om iets voor elkaar te krijgen verbeteren. Een duidelijke doelstelling, in de vorm van een reeks realistische doelen, zal je op het juiste spoor houden. Door helder, systematisch na te denken kun je de huidige staat van samenwerking analyseren en vervolgens bepalen welke veranderingen er moeten worden doorgevoerd. Je kunt leertechnieken gebruiken om voordeel te behalen uit de successen en mislukkingen van je eerste pogingen. Je kunt die gebieden op het

vlak van je samenwerking uitkiezen die je het meest zullen motiveren en inspireren. Je kunt feedback verwachten van collega's op eenzelfde manier als waarop jij hebt geprobeerd hen te beïnvloeden of waarop zij hebben geprobeerd jou te beïnvloeden.
Naast de vijf basiselementen om dingen gedaan te krijgen heb je een eenvoudige strategie nodig om anderen te beïnvloeden. Indien je een gelijkwaardig lid van die jazzgroep bent wat betreft het bespelen van je eigen instrument, zul je de andere bandleden niet gaan commanderen. In plaats daarvan zul je hen lateraal proberen te leiden. Je speelt bijvoorbeeld een eenvoudig themaatje en nodigt de anderen uit – door een knikje met je hoofd, een glimlach of een opmerking – hierop 'voort te borduren'. Je bouwt verder op bijdragen die de anderen leveren. Je zult een gezamenlijke improvisatie vormgeven op een manier waarvan jij denkt dat die de groep bevalt. Iedereen kan anderen stimuleren hun beste beentje voor te zetten op een manier die de gezamenlijke inspanning naar het hoogste niveau zal tillen. Drie eenvoudige manieren om anderen over te halen volgens betere methodes te werken zijn:

- VRAGEN STELLEN die anderen ertoe aanzet na te denken over een probleem in de samenwerking en naar een oplossing daarvoor te zoeken;
- JE EIGEN GEDACHTEN VOORLEGGEN en anderen uit te nodigen daar gebruik van te maken, erop voort te bouwen of ze te corrigeren;
- IETS DOEN wat kan dienen als een model voor beter gedrag.

Specifiek, de opzet van dit boek

De vijf centrale hoofdstukken, die zich alle richten op een van de elementen en de daarbij behorende vaardigheid, zijn in drie delen gesplitst. ALLEREERST leer je de vaardigheid als een manier om jou persoonlijk te helpen dingen gedaan te krijgen wanneer je zelfstandig werkt. TEN TWEEDE maak je je doelstelling duidelijk. Stel je voor hoe het zou zijn wanneer alle leden van jouw groep die vaardigheid gezamenlijk toepassen. VERVOLGENS ga je terug naar het gebruik van die vaardigheden en de basistechnieken van VRAGEN, AANBIEDEN EN DOEN, om de manier waarop jij en je collega's samenwerken te veranderen. De persoonlijke vaardigheden die je ontwikkelt, of je doel nu concreet is (zoals het bouwen van een schuurtje) of een proces (de manier waarop jij en je collega's samenwerken opdat zij een schuurtje met minder inspanning kunnen bouwen), zullen zowel je doelstelling verhelderen als jou helpen deze te realiseren.

In dit eerste hoofdstuk hebben we een korte inleiding gegeven op de vijf elementen en de corresponderende vaardigheden. Hoofdstuk 2 werkt de methode van lateraal leiderschap verder uit, plus de technieken en tactieken die elders in dit boek worden toegelicht.

2 *Lateraal leiderschap*

Hoofdstuk 1 biedt een overzicht van onze benadering hoe je dingen gedaan kunt krijgen. De eerste stap is het bepalen van de vaardigheden die je kunt ontwikkelen om tot betere resultaten te komen. Vervolgens moet je een duidelijk beeld krijgen hoe een groep zal samenwerken als iedereen diezelfde vaardigheden gezamenlijk toepast. In de volgende hoofdstukken wordt elke vaardigheid afzonderlijk behandeld, waarbij wordt aangegeven hoe je die vaardigheid kunt ontwikkelen en hoe jij en anderen die samen kunnen benutten. Maar het heeft geen zin om te weten wat je van je collega's verlangt, als je niet weet hoe je hen tot samenwerking kunt aanzetten. Je organisatie zal niet veranderen zolang je collega's er niet voor kiezen deze vaardigheden en gewoontes over te nemen. Dit hoofdstuk behandelt het probleem hoe je anderen kunt stimuleren hun gedrag te veranderen.

Probleem: je kunt anderen niet veranderen

Iedereen weet hoe het is om een stuurloze vergadering bij te wonen. Je kent misschien de frustratie om iedere ochtend een kantoor binnen te moeten lopen waar collega's moeilijk samenwerken. Maar wat kun je eraan doen?
Er zijn twee standaardantwoorden mogelijk wanneer je deel uitmaakt van een groep met interne problemen: je afzijdig houden en niets doen, of de leiding nemen en mensen meedelen wat ze moeten doen. Geen van beide werkt. Als je het pro-

bleem ontwijkt verandert er niets. Op z'n best worden de zaken er niet slechter op. Maar de oorzaak van het probleem blijft bestaan.
Proberen anderen in het gareel te krijgen heeft ook weinig kans van slagen. Je hebt misschien weleens meegemaakt hoe iemand een poging ondernam om de samenwerking te verbeteren, weinig succes had en vervolgens met de nek werd aangekeken ondanks alle inspanning. Soms wordt een helpende hand kortaf afgewezen: 'Verspil onze tijd niet. We hebben werk te doen.' Als je zulke reacties kunt verwachten, is het dan niet beter om je schouders op te halen en te verzuchten: 'Tja, wat kan *ik* doen?'
Je kunt je echter ook serieus afvragen: 'Wat *kan* ik doen?' De situatie hoeft tenslotte niet hopeloos te zijn. We hebben allemaal weleens groepen gezien die wel goed samenwerkten. Je hebt waarschijnlijk in groepen gewerkt die meer voor elkaar kregen dan andere. Je kunt je waarschijnlijk wel wat mensen voor de geest halen die goed zijn in de stimulering van samenwerking, mensen die een team beter doen functioneren. Denk bijvoorbeeld aan mensen in jouw bedrijf met wie je graag wilt samenwerken aan een van jouw projecten.
Het moet mogelijk zijn om vast te stellen wát deze mensen anders doen waardoor alles werkt. Als je dat kunt achterhalen, kun je het zelf ook. De auteurs hebben dit probleem diepgaand bestudeerd en reiken in dit hoofdstuk enkele antwoorden aan. Je kunt hun redenering volgen en die overnemen, of misschien vind je zelf een nog beter antwoord.
Een antwoord vinden op de vraag 'Wat *kan* ik doen?' begint met het begrijpen waarom pogingen om de samenwerking te verbeteren zo vaak mislukken. Het ligt voor de hand dat niets doen geen verbetering oplevert. Maar waarom werkt het geven van goed advies aan collega's zo slecht?

Diagnose: iets opdragen zet *anderen er niet toe aan nieuw gedrag aan te leren*

Volgens een bepaalde diagnose kun je je collega's de schuld geven van alle mislukte pogingen om de samenwerking te verbeteren. Misschien zijn ze niet bijdehand genoeg om het belang te begrijpen van het observeren hoe groepen samenwerken. Misschien heeft een collega zo'n sterke behoefte aan controle dat hij er niet tegen kan als iemand anders invloed probeert uit te oefenen. Misschien zijn sommige mensen zo kribbig dat ze eigenlijk nooit met anderen kunnen opschieten. Zo'n verklaring kan best waar zijn. Maar misschien ook niet. Een reden waarom je argwanend moet zijn, is dat dit soort diagnoses jou van alle blaam zuiveren. Het is een algemeen menselijke trek om anderen de schuld voor problemen in de schoenen te schuiven (en de eer voor succes zelf op te eisen). Iedereen gaat er bij voorkeur van uit dat de oorzaak van een probleem bij de ander ligt en niet bij jezelf. Als je je eigen vooroordelen kent, moet je verklaringen uit eigenbelang wantrouwen.

Er is nog een reden om verder te kijken. Fouten aan collega's toeschrijven is een doodlopend spoor. Als blijkt dat het probleem is dat je met ongeschikte mensen samenwerkt, kun je weinig anders doen dan jezelf bij de huidige situatie neerleggen of je baan opgeven en ergens anders gaan werken. Het zou een meevaller zijn als tenminste een deel van het probleem het gevolg van je eigen gedrag is! Je kunt dan de situatie verbeteren door je eigen inbreng te verbeteren. Hoe meer je bijdraagt aan een slechte situatie, des te meer mogelijkheden je hebt om die te veranderen. Wanneer je nagaat wat je eigen inbreng bij een probleem is hoef je je niet schuldig te voelen. Richt je eerder op je eigen daden in plaats van anderen de schuld te geven, want dan ben je tot veel meer in staat.

Als collega's dus niet reageren zoals jij dat wilt, ga er dan van uit dat jij iets verkeerd doet.

Anderen meedelen wat ze moeten doen suggereert een ondergeschikte status

We komen allemaal voor onszelf op. Wat je ook zegt, de persoon die luistert interpreteert je woorden naar wat ze lijken te suggereren over hem of haar en jullie relatie. Als degene tot wie je je richt het oneens is met deze geïmpliceerde boodschap, verwerpt hij of zij waarschijnlijk ook de inhoud van jouw boodschap.

Collega's vatten opdrachten als een beschuldiging op. Zelfs een gewone vraag kan als een stilzwijgend oordeel over de ander worden opgevat. Een man staat zaterdagochtend na een zware week op het werk vroeg op. Tijdens het ontbijt denkt hij na over de klusjes die hij in en rond het huis kan doen. Hij geeft de voorkeur aan overzichtelijke taken die zijn gedachten van zijn problemen op het werk afhouden. 'Is de kelder nog steeds een bende?' vraagt hij zijn vrouw. 'Je wordt bedankt,' bijt zij hem toe. 'De hele week voer je niets uit en nu klaag je dat het in de kelder een bende is. Geef mij maar weer de schuld!'

Maandag begint hij weer als productiechef in een assemblagefabriek. In de loop van de ochtend belt hij een inkoopchef over apparatuur die hij nodig heeft om zijn productielijn draaiend te houden:

Productiechef: 'Wanneer worden die elektrische motoren geleverd? Je zei me dat ze hier afgelopen woensdag al zouden zijn.'

Inkoopchef: 'Dat was voordat je besloot die grotere motoren te bestellen. Als je je bestelling wijzigt, wordt er pas later geleverd. Dat weet iedereen.'

Productiechef: 'Tja, daar heb ik niet aan gedacht. Kunnen we niet... Laat maar. Vertel het me de volgende keer zodat hier geen verwarring meer over ontstaat. Als iemand zijn bestelling verandert, vertel hem dan wat de nieuwe leveringsdatum is.'

Inkoopchef: 'Wij hebben de standaardprocedure gevolgd. Nog nooit heeft *iemand* daar problemen mee gehad. Als jij dingen door elkaar haalt, dan is dat niet mijn fout.'

Komt dit je bekend voor? In beide gevallen wordt de interesse om de situatie te verbeteren als een beschuldiging opgevat. Het gesprek verandert snel in een improductieve woordenwisseling. Hoe komt dat?

Iedere keer als je aanwijzingen geeft bestaat het risico dat de ontvanger je woorden opvat als: 'Jíj bent het probleem. Ik heb de oplossing.' Een collega hecht aan zijn gevoel van eigenwaarde en zijn status. Hij beschouwt zichzelf bij voorkeur als

competent en wil door anderen worden gerespecteerd. Hij wil nergens de schuld van krijgen.
Een voorstel voor verandering kan gemakkelijk als een beschuldiging worden opgevat. Veel mensen menen dat het overbodig is om de onderlinge samenwerking te verbeteren als alles goed gaat. 'Als het niet kapot is, hoef je het niet te repareren.' Met andere woorden, als er iets moet worden gerepareerd, moet het ook kapot zijn. En als het kapot is, dan moet iemand dat hebben gedaan. 'Laten we de dingen beter doen' wordt dan: 'het is allemaal een zootje en jij bent daarvoor verantwoordelijk'. Wanneer je aanwijzingen geeft over verbetering van de samenwerking, kun je al snel struikelen over iemands lange tenen. Zelfs goedbedoelde opmerkingen kunnen dan als persoonlijke kritiek worden opgevat.
Wanneer mensen denken dat ze worden aangevallen bijten ze van zich af. Sommigen doen alsof er niets mis is en ontkennen alle schuld. 'Ach toe, zo erg is het nou ook weer niet. Doe toch rustig.' Anderen becommentariëren een suggestie om eventueel kritiek te voorkomen op het feit dat ze het voorstel niet eerder in de praktijk hebben gebracht. 'Dat werkt nooit.' Weer anderen vallen je aan ómdat je iets voorstelt. 'Wil jij mij vertellen hoe ik m'n werk moet doen?'
Je kunt op zo'n reactie reageren door te denken: Wat een oen. Ik probeer alleen maar te helpen, en in het vervolg de betreffende persoon te negeren. Een betere reactie is: 'Hun reactie is normaal. Nu ik begrijp waarom ze zo reageren, zal ik voortaan wat doelmatiger te werk gaan.'

Collega's denken te horen dat je ze een mindere rol opdraagt. Een overweging die zelden wordt besproken, maar die wel bij veel mensen opkomt als hun wordt gevraagd een nieuwe methode over te nemen is: 'Wat is mijn rol in deze nieuwe opzet?' Ze kunnen ook vragen: 'Wat is mijn rol binnen de doelstelling voor verandering te zorgen?' Collega's kunnen onaangenaam reageren op pogingen om de samenwerking te verbeteren als zij het gevoel krijgen dat zij op een zijspoor worden gezet. Iemand anders neemt de beslissingen, zij worden buitengesloten. Ze vrezen misschien dat jij probeert de leiding over te nemen en voor hen slechts een mindere rol overlaat.

Verbeeld je dat je een vergadering bijwoont van de verkoopstaf van je afdeling. Veronderstel dat je voorstelt dat jullie niet de verkoopcijfers van de afgelopen week opsommen, maar adviezen uitwisselen over de manier waarop jullie de komende week klanten gaan benaderen. Als anderen daarmee akkoord zouden gaan, hoe verwoorden ze dat dan? 'Lucy had een geweldig idee dat we hebben overgenomen. Zij leidt de groep en ik volg haar.' Als ze zich tegen je voorstel verzetten, kunnen ze een ander verhaal vertellen: 'Ze had een of ander maf idee, maar we laten haar ons niet vertellen wat we moeten doen.' Als deze twee varianten de enige keuzemogelijkheden zijn, dan heeft iedereen een reden om zich tegen jouw initiatief te verzetten. Collega's ondersteunen geen voorstellen waarvan zij geen enkele garantie krijgen dat zij er medeverantwoordelijk voor zijn.
Erger nog, misschien vinden ze het best dat ze worden buitengesloten. Veel mensen mijden confrontaties. Als je wilt dat een team optimaal voordeel heeft van de ideeën en energie van iedereen, is het geen optie mensen ertoe aan te zetten om af te haken.

Iemand meedelen wat hij moet doen, overtuigt niet

Wat je *uitspreekt* kan worden opgevat alsof je iemand als de oorzaak van het probleem aanwijst en hem een mindere rol toebedeelt. Wat je *niet uitspreekt* zorgt er waarschijnlijk voor dat niemand je redenering begrijpt. Er is geen sprake van participatie aan het denkproces, of van een demonstratie dat je ideeën effectief zijn.

Mensen begrijpen niet waarom ze moeten veranderen. Een vriend van de auteurs is bedrijfsadviseur en ontwerpt veranderingsprogramma's voor vennootschappen. De meeste klanten zijn grote informatietechnologiebedrijven. Volgens hem is de grootste vergissing die de bedrijfsleiding kan begaan niet uit te leggen *waarom* het bedrijf een bepaalde procedure verandert. Werknemers weten hoeveel kosten en gedoe een verandering op het werk met zich meebrengt, maar ze hebben geen idee waarom de verandering een verbetering is. Natuur-

lijk verzetten zij zich er dan tegen. Of ze doen voor de vorm mee, maar niet van harte. Hetzelfde geldt wellicht voor de keren dat je hebt geprobeerd collega's over te halen een nieuwe methode over te nemen.
Maar waarom deel je de redenering achter een voorstel niet mee aan anderen? Je bent je misschien niet helemaal bewust van je eigen gedachtegang. Er floept een lampje aan in je hoofd, je denkt dat je een goed idee hebt, maar vaak kun je niet precies uitleggen waarom het zo goed is, ook niet voor jezelf. Je aarzelt misschien om je redenering uiteen te zetten omdat je vreest dat anderen er een fout in zullen vinden. Of misschien kom je gewoon niet op de juiste woorden. Hoe wij samenwerken, is een complex onderwerp. Je weet misschien heel veel over wat wel en niet werkt, maar je kunt absoluut niet uitleggen waarom. Het is verleidelijk om te zeggen: 'Luister, doe nu maar wat ik zeg. Vertrouw me.'

Zij hebben niet deelgenomen aan jouw gedachtegang. Zelfs als je je gedachten uiterst helder uiteen weet te zetten, is het *jouw* plan en niet dat van hen. Zij hebben geen 'aandeel' in de ideeën waarvan jij wilt dat zij die uitvoeren. Iemand die geen kans heeft gehad om mee te denken en bij te dragen aan het resultaat, is waarschijnlijk weinig enthousiast om het uit te voeren.

Ze hebben je ideeën niet in werking gezien. Een voorstel om iets te ondernemen werkt absoluut niet overtuigend als het blijft steken op het theoretisch vlak van ideeën en woorden. Iedereen weet waar 'geen woorden maar daden' voor staat, maar vaak genoeg is ook die spreuk slechts een holle frase. Als je er niet in slaagt je uitspraken te onderbouwen, blijft alles als los zand aan elkaar hangen. Jouw niets-doen is voor anderen een prima excuus om jouw suggesties te negeren.

Voorschrift: geef lateraal leiding zodat negatieve effecten worden vermeden als je anderen meedeelt wat ze moeten doen

Als het aan anderen meedelen wat er moet gebeuren zo weinig effect heeft, wat kun je dan doen? In feite is het zo dat je door de methode van lateraal leiderschap collega's uitnodigt met jou samen te werken om problemen op te lossen. De kans is gering dat je alles in je eentje voor elkaar kunt krijgen. Probeer niet om voor elk probleem oplossingen te vinden. De sleutel is het proces van samenwerking te verbeteren. Een eerste begin is dat iedereen voortaan probeert bij te dragen aan de verbetering van de samenwerking. Als je dat voor elkaar kunt krijgen, zal de groep samen een eindeloze stroom elkaar opvolgende, opbouwende stappen produceren. Kortom, oplossingen zijn niet het antwoord. Het antwoord is een beter proces voor het vinden van antwoorden.

Om het gedrag van je collega's te beïnvloeden, moet je als iemand met een gelijkwaardige positie informatie, analyse en suggesties aanbieden en niet als iemand met een superieure status. Je 'onderhandelt' informeel over wat het toekomstige gewenste gedrag is. Zoals in elke onderhandeling staat alles wat je voorstelt open voor gemeenschappelijk overleg. Er bestaat een enorm verschil tussen het aan anderen meedelen wat ze moeten doen en hen uitnodigen voor gemeenschappelijk overleg. Je moet geen opdracht, instructie of bevel geven en ook is er geen sprake van een definitief oordeel over wat goed of fout is. Maar tegelijk moeten zowel de vragen als de voorstellen voldoende specifiek zijn om de mogelijkheden te openen voor activiteiten die aantrekkelijk, duidelijk en overzichtelijk zijn.

Anderen zijn eerder bereid je te helpen de samenwerking te veranderen wanneer ze het gevoel hebben dat het hen iets oplevert. Natuurlijk profiteert uiteindelijk iedereen wanneer jullie met zijn allen de manier van werken verbeteren. In toevoeging daarop helpt het je collega's nu direct iets aan te bieden: deelname aan de verbetering van iets en aan de besluitvorming daarover. Door ze vragen te laten stellen en voorstellen in te laten dienen kan deze taak voor hen worden veraangenaamd, net zoals Tom Sawyer zijn vrienden de schutting liet verven. Los van de vraag of Tom zijn vrienden nu beetnam of aan hun verlangen om iets te doen tegemoet kwam, hoef jij je collega's niet lekker te maken. Meehelpen aan de verbetering van de samenwerking is even lonend als het schilderen van een schutting. Als je de negatieve reacties wil voorkomen die je meestal te horen krijgt wanneer je een collega opdraagt iets te doen, kijk dan naar specifieke stappen die vallen binnen het brede scala van vragen stellen, voorstellen doen of zelf iets doen dat het soort gedrag modelleert dat je probeert te stimuleren.

Maak een onderscheid tussen persoon en probleem

Zorg ervoor dat je collega's gerust over problemen in de samenwerking kunnen praten. Probeer je collega's ervan te overtuigen dat kijken naar wat misgaat geen bedreiging is; je probeert hen niet de schuld in de schoenen te schuiven.

Bekritiseer gezamenlijke methodes en niet je collega's. Het is gemakkelijker voor een collega om deel te nemen aan de verbetering van een proces als hij zich geen zorgen hoeft te maken over kritiek. Dat hoeft niet moeilijk te zijn. Het doel is tenslotte niet iemand de schuld te geven, maar om dingen te verbeteren. Een goede benadering is om rond de tafel te gaan zitten en samen een probleem onder ogen te zien. Bekijk samen *wat* de oorzaak van het probleem is, niet *wie*. Tijdens het overleg moet duidelijk worden dat het om een confrontatie tussen jullie en het probleem gaat en niet tussen jou en je collega.

Per definitie is interactie iets dat je gezamenlijk creëert. Niemand is geheel en al verantwoordelijk; problemen die door wisselwerking ontstaan, kunnen nooit aan slechts één persoon worden toegeschreven. En niemand is ooit geheel vrij van verantwoordelijkheid. In plaats van naar een persoonlijke deugd of zwakheid te kijken, moet je de gebruikte methodes onderzoeken en nagaan of die de meest efficiënte, beschikbare methodes zijn. De kwestie is niet of een collega een goede timmerman is, maar of jullie hamers gebruiken wanneer een zaag beter is.

Denk aan de productiechef die zijn elektrische motoren niet op tijd ontving. Hij zou tegen de inkoopchef kunnen zeggen: 'Je moet met iets beters op de proppen komen of we gaan samen eens een praatje met onze superieur maken over jouw niet behulpzame instelling.' Hoewel die opmerking op dat moment terecht is, is het onmiddellijke effect dat de inkoopchef een verdedigende houding aanneemt en een reden probeert te bedenken waarom het probleem de fout van iemand anders is. Hij probeert redenen te vinden waarom hij niet anders heeft kunnen handelen. Als de productiechef de schuld bij hun onderlinge interactie legt, kan hij andere redenen aangeven. 'Dit is kennelijk misgelopen. Ik heb niet gevraagd of de datum zou veranderen en ik kan me ook niet herinneren dat jij mij dat hebt gezegd. Misschien moeten we een andere aanpak verzinnen. Kun jij iets bedenken dat helpt?'

Accepteer gegronde redenen voor iemands gedrag. Wanneer een collega op improductieve wijze te werk gaat, dan zal hij daar wel een reden voor hebben. Weinig mensen stellen zich als doel anderen de mogelijkheid te ontnemen om meer dingen voor elkaar te krijgen. Ze geven waarschijnlijk eerder op rationele wijze gehoor aan een gevestigd belang. Iemand is kortaf omdat hij voor een belangrijke deadline staat en weer aan het werk wil. Iemand anders wijst misschien een poging om creatief te zijn af omdat hij hoge eisen stelt en naar een nog beter idee wil zoeken. Voor deze mensen zijn er misschien constructievere manieren mogelijk om dergelijke doelen na te streven, maar de doelen zijn op zich legitiem. Probeer je voor te stellen wat een goede motivatie voor hun gedrag zou kunnen zijn. Wanneer je een onderwerp bespreekt, ga er dan van uit dat ze willen helpen. 'Ik weet dat je het enorm druk hebt gehad en bezorgd bent over de reductie van de kosten. Toch zou ik graag jouw gedachten horen over een onderwerp dat mij bezighoudt...'
Als ze begrijpen dat jij hun mening wilt horen, is het voor je collega's ook een stuk gemakkelijker om jouw mening aan te horen. En het verzekert hun overtuiging dat jij hun bezorgdheid op waarde schat en dat bij ieder nieuw voorstel rekening zal worden gehouden met hun belangen.

Accepteer een deel van de verantwoordelijkheid. De mate van succesvolle samenwerking in een groep is de som van het individueel gedrag. Iedereen draagt bij aan de moeilijkheden. Jij bent je misschien niet bewust van jouw bijdrage aan een ondienstige, contraproductieve dynamiek. Je collega's zijn dat daarentegen wel.
Het is verstandig de verantwoordelijkheid op je te nemen voor een deel van het probleem. 'Ik denk dat we dit team beter kunnen laten functioneren. Ik ben ervan overtuigd dat ik net als iedereen heb bijgedragen aan het ontstaan van de problemen. Laten we proberen uit te vinden hoe we de boel op orde kunnen krijgen.' Als je het over jouw fouten hebt, kom je overtuigender over wanneer je specifiek bent. Je wilt niet zeggen: 'Oké, ik ben ook niet perfect.' In plaats daarvan bedoel je eerder iets te zeggen als: 'Ik vrees dat we in het verleden langs elkaar heen hebben gepraat. Ik in ieder geval wel. Linda was bezig haar idee uit te leggen toen ik haar onderbrak en over mijn idee begon. Dat was niet aardig. Misschien kunnen we de ideeën op een rijtje zetten en ze dan een voor een bespreken. Laten we beginnen met Linda's idee.'
Het is gepast om een deel van de verantwoordelijkheid voor de huidige situatie te accepteren. Het zal anderen minder defensief maken. Het laat zien dat het veilig is om te erkennen dat iemands gedrag kan worden verbeterd en dat je er niet op uit bent om anderen te benadelen.

Denk na over hoe anderen rollen ervaren

Door vragen te stellen en voorstellen aan te reiken help je een rol voor de ander vorm te geven. De verbetering van de samenwerking binnen een groep lijkt enigszins op het maken van een film. Wanneer collega's erover beslissen of ze een rol zullen accepteren, vraagt iedereen zich in de eerste plaats af of zij wel een goede rol krijgen. Je moet ernaar streven rollen te creëren die zowel je collega's tevredenstellen als de groep beter helpen functioneren.

Maak de rol aantrekkelijk. Je zult de manier waarop een groep samenwerkt niet kunnen veranderen tenzij iedereen –

of bijna iedereen – eraan meewerkt. Een manier om dat te bereiken is door te helpen een rol te ontwerpen die iedereen zal willen spelen. Die rol moet actief zijn. Weinig mensen willen langs de zijlijn toekijken hoe anderen iets volbrengen. Hoe uitnodigend een rol is, hangt ervan af of deze iemand iets interessants te doen geeft. Ten tweede moet de rol respect oproepen, zelfrespect en respect van anderen. Niemand zal enthousiast reageren op een aanbod dat klinkt als: 'Als jij nu de vaat doet, bespreken wij de picknick van morgen.' Een rol zal aantrekkelijker zijn wanneer iemand zijn vaardigheden kan inzetten en demonstreren. De meesten interesseert het weinig of ze boven hun gelijken worden geplaatst, maar slechts weinigen wensen als minderwaardig te worden behandeld.

Maak de rol invloedrijk. Je zult meer medestanders vinden wanneer je rollen voorstelt die je collega's macht verschaffen. De meesten onder ons willen het gevoel hebben dat wij het verschil uitmaken. Mensen zullen met meer plezier deelnemen aan een onderneming waarin ze een bepaalde mate van controle hebben over wat ze doen en waar de groep naartoe gaat. Als collega's de kans krijgen om hun vaardigheden te verbeteren zal iedereen daarvan profiteren. Belangrijker nog is dat ze de gewoonte aanleren om het verschil uit te maken. Zelfs als jij de enige binnen de groep bent die nu lateraal leiderschap uitoefent om de samenwerking te verbeteren, zul je beter af zijn. En het is nog beter als ook anderen het initiatief nemen en hun ideeën en energie aanwenden om de manieren waarop wordt samengewerkt te verbeteren. Het succesvol gebruik van de techniek van lateraal leiderschap wordt duidelijk wanneer je collega's even vaardig of zelfs nog vaardiger worden.

Betrek collega's bij de planning van veranderingen

Wil een verandering in de methoden effectief zijn, dan moet iedereen haar begrijpen en proberen door te voeren. De beste manier om beide doelen te bereiken is iedereen laten meebeslissen over de verandering. Iedereen weet dan waarom dit idee is gekozen en iedereen voelt zich voldoende betrokken om aan het succes van de nieuwe methode bij te willen dragen.

Blijf openstaan voor dingen

Je zou graag willen dat je collega's voor jouw ideeën openstaan. De beste manier om deze openheid bij anderen aan te moedigen is zelf voor alles open te staan. En het zal een stuk gemakkelijker zijn collega's ervan te overtuigen dat je openstaat voor hun standpunt wanneer dat ook waar is. Het doel is niet dat anderen jouw ideeën aanhoren en het met alles eens zijn. Je wilt voordeel behalen uit het meedenken van je collega's. Ieder idee kan worden verbeterd. De auteurs denken dat de richtlijnen voor de verbetering van de samenwerking, die in dit boek nauwkeurig staan omschreven, uitmuntend zijn. *En* we twijfelen er niet aan dat ze kunnen worden verbeterd. Als we er nog een jaar aan zouden besteden werden ze waarschijnlijk nog beter. Vragen en suggesties van lezers zouden de richtlijnen ongetwijfeld ook verbeteren. Maar we kunnen ze nooit voor alle lezers perfect maken. Iedere lezer kan deze ideeën naar eigen behoefte aanpassen.

En als je een van de toepassingen uit dit boek voorstelt, kan een collega die verbeteren. Raak niet te gehecht aan je eerste (of een later) voorstel. Luister naar je collega's en wees enthousiast om het beste van hun gedachten over te nemen.

Als iemand anders de samenwerking probeert te verbeteren, ondersteun dat dan. Probeer zijn of haar idee niet te overtreffen of de aandacht op een ander thema te richten. Jij komt later wel aan bod. De ergste vergaderingen zijn die waar alleen maar professionele bemiddelaars en regelneven aan deelnemen; allemaal proberen ze te bewijzen dat zij het meeste weten over manieren om de samenwerking tussen mensen te verbeteren. Goed leiderschap komt voor een deel neer op goed kunnen volgen.

De praktijk: bedenk een tactiek om ze uit te nodigen mee te denken

De algemene voorschriften in dit hoofdstuk kunnen worden omgezet in eenvoudige, operationele tactieken om anderen aan te moedigen een bijdrage te leveren aan de verbetering van de samenwerking. Als anderen dat wat ze moeten doen vertellen niet werkt, zijn er drie methoden die minder verzet oproepen: STEL een vraag, STEL een idee VOOR, en DOE iets dat als model voor navolging kan dienen. Deze technieken zijn geen trucs of valse listen. Succes in de toepassing ervan is afhankelijk van oprechtheid. Wanneer je nieuwsgierig bent naar en geïnteresseerd in een antwoord, stel je eerlijke vragen. (De vraag 'Waarom ben jij zo'n idioot?' is geen eerlijke vraag.) De ideeën die je voorstelt, moeten dat ook zijn: ideeën. Het zijn geen conclusies, besluiten of afkondigingen, maar juist mogelijkheden waarover kan worden gediscussieerd of nog een keertje nagedacht. En als je iets doet, moet het nuttig zijn. Het idee moet een voorbeeld zijn van iemand die een constructief initiatief neemt, niet van iemand die een toneelstukje opvoert. Dit principe van transparante eerlijkheid levert enkele richtlijnen op.

VRAAG ze om een geestelijke bijdrage

De gemakkelijkste manier om anderen te werven voor de verandering van gezamenlijke werkgewoontes is vragen te stellen. Dit richt de aandacht op een thema zonder dat zich een antwoord doet gelden waartegen een collega zich wil verzetten. Wanneer het goed gedaan wordt hoeft niemand in zijn hemd te staan. De meeste mensen vinden het prettig als anderen ze een poging zien doen de prestaties van de groep te verbeteren. Advies geven vinden ze niet zo vervelend, zolang het maar geen kruisverhoor wordt.

Leg het doel van een vraag uit. Zelfs een oprechte, open vraag kan iemand bezorgd doen afvragen waarom je deze stelt. Denk aan de echtgenoot die vroeg of de kelder nog een bende was omdat hij wilde bekijken of hij daar zijn ochtend aan ging besteden. Zijn vrouw dichtte hem een andere bedoeling toe, namelijk dat hij dat 'vroeg' als een indirecte vorm van kritiek op haar.

Als collega's niet begrijpen waarom je iets vraagt, verwachten ze misschien wel het ergste. Het is beter wanneer ze zich op de vraag kunnen concentreren in plaats van dat ze zich afvragen wat je achterliggende bedoeling ervan is. Als je even de tijd neemt om je doel uit te leggen, stelt dat de toehoorder gerust. 'Schat, ik zit erover na te denken wat voor klusjes ik vandaag kan doen. Wat vind jíj dat er moet gebeuren? De kelder?' Op dezelfde manier kun je een hulpvaardiger antwoord van de leverancier verwachten als je iets zegt als: 'Joe, ik heb je hulp nodig. Ik weet dat we details in de opgave voor die motoren hebben gewijzigd, maar we hebben ze dringend nodig. Zonder die motoren komt de band stil te staan en krijg ik gedonder met mijn baas. Kan ik iets doen waardoor het voor jullie gemakkelijker is ze hier te leveren?'

Stel echte vragen. Het is heel gemakkelijk in de gewoonte te vervallen het stellen van vragen te gebruiken om iemand instemming met jouw mening op te leggen: 'We moeten morgen echt om acht uur afspreken, vind je niet?' 'Ben je het ermee eens dat de huidige stand van zaken onacceptabel is?' Hoewel ze als vraag worden gesteld, dwingen deze mededelingen in feite de ander tot instemming.

In plaats van dwingende vragen te stellen waarbij slechts één antwoord mogelijk is, is het beter met open vragen een bepaald thema af te bakenen. 'Wat denk jij dat de oorzaak van het probleem is?' is een open vraag. Gesloten vragen die met ja of nee moeten worden beantwoord, beperken de mogelijkheid tot deelneming. 'Denk jij dat Andrés verzet het probleem veroorzaakt?' is geen open vraag. Stimuleer je collega's als complete, gelijkwaardige partners.

Collega's hebben het meestal door of jij al een antwoord in je hoofd hebt als je een vraag stelt. In plaats van zelf na te denken, zullen ze proberen te raden wat jij denkt. Of ze het eens zijn met dat idee of het zullen verwerpen hangt zowel af van hoe zij over jou denken als van een frisse overweging van de vraag. Ze kunnen zich ook gepikeerd voelen als jij suggestieve vragen stelt, alsof je een leraar bent en zij de leerlingen zijn.

BIED *je ideeën aan*

Wat moet je doen als je inderdaad een mening *hebt*? Je hoeft geen vragen te stellen wanneer je al een goede oplossing voor

ogen hebt. Wanneer je informatie, ideeën, suggesties en meningen hebt, is het goed om die te delen.
In het alledaagse taalgebruik bestaat er geen verschil tussen iemand je gedachten *meedelen* en iemand je gedachten *voorleggen*. In het licht van deze discussie wordt er een onderscheid gemaakt tussen anderen meedelen dat zij jouw gedachten moeten overnemen, of dat jij ze hun ter overweging aanbiedt. Meedelen is als bevelen uitdelen: 'Dit is wat we moeten doen.' Ideeën aanbieden is onderzoekend: 'We kunnen bijvoorbeeld dit doen, tenzij we nog iets beters kunnen bedenken.' Als een goede gastheer kun je aan een collega overlaten of zij een idee wil overnemen of niet. Dring het haar niet op. Je bent op zoek naar het beste idee, ongeacht van welke kant het komt, en je wilt niet pleiten voor een bepaald idee. Moedig onenigheid over de zin van jouw idee aan. Laat anderen beslissen of ze jouw idee als beginpunt gebruiken, verwerpen of aannemen.
Ideeën aanbieden moet anderen aanmoedigen deel te nemen aan het denkproces. In plaats van hen buiten te sluiten, betrekt het hen bij de gang van zaken. Het nodigt ze uit over ideeën te oordelen en nieuwe ideeën te bedenken.

Draag bij aan de oplossing van de puzzel. Verbetering van de samenwerking lijkt een beetje op samen een kruiswoordpuzzel oplossen. Het is een slechte zaak voor jou – en iedereen – wanneer je er alleen voor staat, terwijl iedereen afwacht of zich inspant om over jouw schouder mee te kijken. Je vindt een betere oplossing en ervaart meer betrokkenheid en minder wrok wanneer je de puzzel hebt laten rondgaan.
Je hebt wellicht een goed idee. Maar het is niet onaantastbaar. Het is geen schilderij van Rembrandt dat alleen maar kan worden bedorven door er nog iets aan toe te voegen. Het beste is om zelf een paar lijnen uit te zetten en dan het penseel door te geven aan een ander. Moedig anderen aan het idee te verscherpen en het te verbeteren. Nodig ze uit het denkproces vooruit te helpen. 'De manier waarop we dit voorstel schrijven, lijkt niet te werken. Ik heb jouw versie herzien, daarna heb jij naar mijn ontwerp gekeken en enkele geschrapte dingen er weer in gezet. Ik denk dat dat komt doordat ik de gedachte achter jouw schrijven niet heb begrepen en misschien

heb je mij ook niet begrepen. Klopt dat? Wat denk je dat we eraan kunnen doen?' Je kunt anderen aanmoedigen gedetailleerde plannen te bedenken voor de uitvoering van het idee. 'Ik denk dat we elkaars redeneringen over een verandering moeten begrijpen voordat we iets terugdraaien. Hoe kunnen we dat bereiken? We zouden voetnoten kunnen plaatsen, waarin ieders redenering wordt uiteengezet. We kunnen ze ook hardop voorlezen en dan bespreken. Heb jij een idee?' De vier-kwadranten-benadering, die in hoofdstuk 4 wordt ontwikkeld, maakt het gemakkelijk om data, analyses of nieuwe ideeën in het kwadrant te plaatsen en daar dan op verder te bouwen. Je kunt een paar constateringen uiten over de manier waarop de dingen werken, en vervolgens de anderen uitnodigen hun constateringen met jou te delen of een diagnose voor te stellen die het een en ander kan verklaren.

Nodig anderen uit jouw ideeën aan te vallen. Sommigen zullen aarzelen om jouw analyse aan te vechten uit vrees een woordenstrijd uit te lokken. Anderen, die niet zeker weten hoe ze over een idee moeten discussiëren, vallen je misschien persoonlijk aan. In beide gevallen is het het slimst om het voor de anderen gemakkelijk te maken je idee aan te vallen in plaats van jou. Je collega's kunnen je idee beter evalueren wanneer je de verschillende stappen van jouw redenering uit de doeken hebt gedaan. Hoe explicieter je je eigen gedachten kunt formuleren, des te gemakkelijk is het om fouten op te sporen en te verbeteren. Het risico dat 'groepsdenken' een idioot plan oplevert, zal aanzienlijk kleiner zijn en ook zullen er minder wrijvingen tussen de groepsleden optreden.

DOE *iets opbouwends*

Door actie te ondernemen kun je het gedrag van anderen op twee verschillende manieren sturen. Iets doen is soms de beste manier om een idee toe te lichten. Praten over de manier waarop we samenwerken kan abstract en verwarrend zijn. Langdradige pogingen om iets met woorden op te helderen leiden soms tot nog meer verwarring en frustratie. De meesten onder ons zijn het niet gewend over dit of dat onderwerp te spreken. Een afbeelding kan duizend woorden vervangen. Door je succes toon je tegelijk aan dat iedereen initiatieven kan nemen, ook als je niet bevoegd bent om anderen te vertellen wat ze moeten doen. Als je direct aan zulk gedrag een voorbeeldfunctie geeft, los van de essentie van je acties, wordt jouw boodschap dat we met z'n allen in hetzelfde schuitje zitten duidelijk.

Die boodschap komt natuurlijk alleen over als je daden door anderen worden waargenomen. Diep in de nacht op weg naar huis zag de baas van een succesvolle kabeltelevisiemaatschappij dat een stuk tapijt voor de deur van de lift versleten en gescheurd was, zodat iemand er makkelijk over zou kunnen struikelen. Hij was teleurgesteld dat niemand het initiatief had genomen dit te herstellen. Hij wenste dat hij het soort bedrijf had waar iedereen die een probleem ontdekte eraan zou gaan werken in plaats van zich af te vragen onder wiens taakomschrijving het viel. De volgende dag nam hij wat isolatietape mee van huis en plakte dat 's avonds laat langs de rand van het versleten tapijt. Na een paar maanden begon de tape los te laten. Na een week vroeg hij zich af waarom hij degene moest zijn die dit moest opknappen. Toen besefte hij dat niemand zijn voorbeeld zou volgen als ze hem niet zagen. De volgende ochtend om 8.45 uur zagen enkele collega's hem op handen en voeten het tapijt oplappen. Op hun aandringen liet hij hen de klus afmaken.

Acties die een voorbeeldfunctie moeten vervullen, zijn nog effectiever wanneer ze tegen de verwachting van mensen ingaan. Een senior manager geeft op krachtige wijze een voorbeeld wanneer hij na een vergadering de koffiekopjes begint op te ruimen. Zijn secretaresse kan verwachtingen over initiatief en verantwoordelijkheid doorkruisen door voor te stellen dat afdelingshoofden bij elkaar moeten komen om informatie uit te wisselen over een lopend project. Niemand zou er aandacht aan besteden als beiden de andere taak uitvoerden. Je poging om het gedrag van anderen te beïnvloeden door een voorbeeld te stellen, zal het meest efficiënt zijn wanneer collega's zien wat je doet.

Gebruik de vier kwadranten om je redenering te ordenen en uit te leggen

Wanneer je anderen je gedachten voorlegt of naar andere ideeën vraagt, kan het handig zijn om volgens een bepaalde eenvoudige structuur over een probleem na te denken. Conclusies komen overtuigender over als je je redenering op eenvoudige wijze kunt uitleggen. En met een klein aantal standaardvragen raak je nooit het spoor bijster als je manieren moet bedenken om anderen uit te nodigen deel te nemen aan het denkproces en aan het verbeteren van ideeën. Hieronder volgt een opzet (zie voor meer uitleg ook hoofdstuk 4) die zich in het verleden ruimschoots heeft bewezen en die gemakkelijk is te gebruiken.

I. Data	*II. Diagnose*	*III. Richting*	*IV. Volgende stap*
Wat is het probleem?	Wat zijn mogelijke oorzaken?	Welke strategieën zouden verstandig zijn?	Wat zijn enkele specifieke volgende stappen?

Met deze vier kwadranten kun je op fundamentele wijze het denkproces over problemen structureren. Wanneer je iets probeert te doen, of het nu een specifieke taak is (een vis vangen) of de samenwerking verbeteren (de manier waarop jullie samen vissen), kun je je gedachten volgens deze vier categorieën ordenen. Daarbij helpt het om een ingewikkelde wirwar van thema's in aparte eenheden op te splitsen. Je kunt dan een collega uitnodigen een overzichtelijk deel van de grotere taak op zich te nemen. Daarna kun je de zaken stap voor stap afhandelen zonder in ingewikkeldheden verzeild te raken. Met het hulpmiddel van de vier kwadranten kun je nagaan hoever een groep is in haar worsteling met het probleem van de samenwerking. Je kunt de vier kwadranten op flipovers aan de groep presenteren of gewoon vragen stellen om hen de weg te wijzen.

Veronderstel dat aan jou en enkele collega's die op andere afdelingen van een groot bedrijf werken, is gevraagd het trainingsschema voor het komende jaar op te stellen. Het huidige trainingsschema heeft veel kritiek gekregen. Je hoopt dat jullie iets beters kunnen produceren. Jammer genoeg merk je tijdens de eerste vergaderingen dat de samenwerking niet naar behoren verloopt.

Er zijn twee problemen. Het eerste probleem betreft de kwestie WAT jullie proberen te bereiken: het trainingsschema voor volgend jaar opstellen. Het andere probleem betreft HOE jullie samenwerken: jullie manier van samenwerking en interactie. Start met dit tweede probleem. Als jullie het gestelde doel (gezamenlijk ontwerpen van het trainingsschema voor volgend jaar) effectief willen bereiken, moet je ervoor zorgen dat jullie manier van samenwerken optimaal is.

Misschien worden jullie zo in beslag genomen door het feitelijke werk, dat jullie niet merken dat de moeilijkheid deels is toe te schrijven aan jullie samenwerkingsmethode. Trek niet direct conclusies, maar vestig de aandacht op het probleem door de anderen uit te nodigen voor een discussie over wat er feitelijk gebeurt, de DATA.

'Een nieuw schema ontwerpen hoeft toch niet zo moeilijk te zijn. Ik weet dat we het allemaal druk hebben en weer terug aan het werk moeten. Niettemin zitten we hier al vijfenveertig minuten en we hebben weinig vooruitgang geboekt. Wat is er aan de hand?'

Iedereen weet waarschijnlijk dat het groepsproces niet op rolletjes verloopt en de meesten zullen tamelijk duidelijk aspecten kunnen aanwijzen die hen niet bevallen. Als dat het geval is, kun je de aandacht richten op oorzaken: welke DIAGNOSE jullie moeilijkheden verklaart. Je kunt een aantal diagnoses bestuderen om te zien welke diagnose het meest met de feiten overeenkomt. Moedig iedereen aan om aan het denkproces mee te doen: 'Misschien ondervinden we problemen omdat we niet honderd procent duidelijk hebben gemaakt wat we proberen te bereiken.' Het blijkt dat iemand denkt dat jullie opdracht is een rapport opstellen met aanbevelingen voor de toekomst; een ander meent dat jullie nieuwe cursussen moeten ontwerpen; een derde gelooft dat jullie jezelf moeten beperken tot het verzamelen en rapporteren van alle klachten.

Als iedereen het eens is over de oorzaken van jullie probleem kun je doorvragen en ertoe overgaan verschillende benaderingen voor te stellen om het probleem op te lossen: welke RICHTING slaan jullie in. 'Het is misschien goed om ons doel te verhelderen. Wat vinden jullie dat het product van deze groep moet zijn?'

Vaak komt het erop neer dat het ontbrekende stuk van de puzzel is een goed idee te operationaliseren. Als dat het geval is, bewijs je het team een dienst door je te richten op een specifieke taak die je als VOLGENDE STAP kunt uitvoeren om de samenwerking te verbeteren. 'Wat moeten we doen om onze doelstelling te verduidelijken? Wat vinden de mensen dat we over een maand moeten hebben bereikt?'

Dit hoofdstuk heeft beschreven waarom iets 'meedelen' meestal niet effectief is en hoe je de methode van lateraal leiderschap kunt toepassen om de problemen te overwinnen die ontstaan wanneer je anderen meedeelt wat ze moeten doen. Het kernidee van deze strategie is op te treden op een manier die ervoor zorgt dat collega's zich beter zullen voelen. In plaats van zich bekritiseerd te voelen voelt een collega zich misschien gevleid dat hij om een mening wordt gevraagd. In plaats van zich tegen een voorgeschreven oplossing te verzetten, krijgt hij een kans om zelf een redenering uit te werken en eigen ideeën te presenteren. In plaats van in een marginale of ondergeschikte rol te worden gedwongen, krijgt hij de rol toebedeeld van medeleidinggevende die een belangrijke bijdrage kan leveren.

In de volgende vijf hoofdstukken worden een voor een de vijf elementen van dingen voor elkaar krijgen nader beschouwd. Elk hoofdstuk gaat in op de vraag hoe je je persoonlijke vaardigheden met betrekking tot dat element kunt aanscherpen. Vervolgens wordt ingegaan op het doel diezelfde vaardigheden en gebruiken gezamenlijk toe te passen, en op de manieren waarop de technieken van lateraal leiderschap (VRAAG, BIED AAN EN DOE) daarbij kunnen helpen.

Deel B

De methode, stap voor stap

Het vorige hoofdstuk behandelt technieken om anderen over te halen hun gedrag te veranderen. Maar *wat* is de beoogde verandering? Die technieken richten weinig uit als je niet weet welke gewoontes en procedures je je collega's wil laten aannemen.

Gelukkig bestaat er geen gebrek aan advies. Themaboeken en tijdschriften staan vol met eindeloze waslijsten aan ideeën, waarvan sommige goed zijn en andere niet. Niemand kan ze echter allemaal lezen. Het meest bruikbare advies moet eenvoudig genoeg zijn om je te kunnen herinneren en robuust genoeg om de meeste problemen aan te kunnen die ontstaan wanneer we samenwerken.

Geen enkele arts die het menselijk lichaam bestudeert kent de duizenden botjes, klieren, cellen en aderen vanbuiten. In plaats daarvan maken artsen de studie van de anatomie gemakkelijker door het lichaam in een paar systemen op te delen: het skelet, de bloedsomloop, het zenuwstelsel, de spijsvertering enzovoort. Dit deel van het boek splitst het probleem van samenwerking in groepen ook in een paar basiselementen op. Het geeft eenvoudige adviezen voor de toepassing van ieder element in de werksituatie en een korte indruk van hoe een betere uitwerking van dat element in een groep eruit moet zien.

Ten slotte worden ook de technieken van lateraal leiderschap behandeld, die je kunt gebruiken om anderen betere gewoontes te laten aanwennen.

3 *Doelstelling*

Stel doelen door het gewenste resultaat te omschrijven

Het is heel moeilijk succes te hebben als je niet weet wat je probeert te bereiken. Ons eerste element, DOELSTELLING, is een goed aanknopingspunt als je wilt nagaan hoe jouw organisatie functioneert. En voordat je het gedrag van anderen gaat analyseren, moet je ook goed naar jezelf kijken. Heb jij een doelstelling die je helpt productief te werken? Als je geen doelstelling hebt, weet je dan hoe je er een moet bepalen?

> Een jonge advocaat was sinds kort opgenomen in de maatschap van een vooraanstaand advocatenkantoor in New York. Als hij 's avonds laat vertrok om de trein te halen, keek hij altijd naar de beginselverklaring van het bedrijf, die in de hal was opgehangen:
>
> > Onze doelstelling is een hoge mate van uitmuntendheid in de rechtspraktijk te bereiken, onze cliënten dynamisch te dienen, en professionele en persoonlijke bevrediging voor onze advocaten en staf te verzekeren.

De verklaring bleef in zijn hoofd hangen en hij dacht er tijdens de treinreis naar huis over na. Een hoge mate van uitmuntendheid in de rechtspraktijk, mijmerde hij. Ik heb geen idee wat dat betekent. Ik zou niet weten hoe je dat bereikt, waarom ik zo hard moet werken om het te bereiken of wat ik er morgen aan kan doen.

Ontwerp ten eerste een persoonlijke vaardigheid: scherp je doelstelling aan

Voordat je de manier kunt verbeteren waarop een groep haar doelstelling bepaalt, moet je de vaardigheid oefenen je eigen doelstellingen te formuleren. Voor wie zijn inspanningen wil kunnen sturen bestaan standaardtechnieken die daarbij helpen, ook als je alleen werkt. Begin met de ontwikkeling van deze gewoontes door gericht je huidige gewoontes met betrekking tot de bepaling van doelstellingen te bestuderen.

Probleem: zelfs als je je flink inspant, kun je vaak niet zeggen met welk doel je dat doet

Het zal weleens zijn voorgekomen dat je ergens druk mee bezig was en dat je je plotseling afvroeg: 'Waarom doe ik dit?' Of dat je merkte dat je van de ene naar de andere activiteit sprong. Je reageert op een telefoontje, een brief of op de collega die binnen komt lopen. En je verkeert in goed gezelschap. Een studie naar leidinggevenden in grote bedrijven heeft vastgesteld dat een groot deel van hun tijd werd besteed aan de onderbreking van of door collega's. De meesten onder ons besteden veel tijd aan zaken die weinig of geen verband houden met de dingen die we willen bereiken. Hoe harder we ons soms inspannen, des te minder we bereiken.

Oorzaak: je hebt geen bruikbare doelstelling

Onze verklaring voor dit probleem is dat je geen bruikbaar inzicht hebt in het doel van je werk. Net als de jonge advocaat heb je misschien een of andere officiële reden waarom je iets doet. Maar dat is nog geen doelstelling die je helpt dingen voor elkaar te krijgen.

Het ontbreken van een doelstelling gaat ten koste van je prestaties. Het Boek der Spreuken zegt: 'Waar geen visie is, gaan mensen te gronde.' Als je geen doelstelling in gedachten hebt kun je moeilijk vaststellen of je goed werk aflevert. Zelfs als je instructies nauwkeurig zijn wordt je motivatie ondermijnd doordat je niet weet *waarom* je iets doet. Wie voert graag een taak uit die geen zin heeft? In het leger werden nog niet zolang geleden opstandige soldaten gedisciplineerd door ze een gat te laten graven en dat dan weer vol te laten gooien. Voor een soldaat, die hard werken gewend is, was het ergste aspect van deze opdracht de zinloosheid ervan. Werken zonder doelstelling is een straf.

De algemeen heersende opvatting in managementtheorieën is dat de formulering van een doelstelling (of missie) van vitaal belang is voor de verbetering van de prestaties. Iedereen weet dat. En de heersende opvatting is de juiste. Maar waarom formuleer jij dan niet regelmatig je missie of doelstelling? Hoe verklaar jij je huidige optreden? Neem de volgende diagnoses in overweging.

Je reageert op het verleden in plaats van dat je de toekomst vormgeeft

We zijn eerder geneigd terug te kijken dan vooruit. Het woord 'waarom' kan twee uiteenlopende vragen inhouden:

- 'Wat *heeft ervoor gezorgd* dat ik iets doe?
- Met welk *doel* doe ik iets?

De eerste vraag blikt terug naar een gebeurtenis in het verleden. De tweede vraag werpt een blik vooruit naar een gewenst doel.

We slagen er allemaal maar zelden in de prikkel die ons ertoe aanzette iets te doen te onderscheiden van het doel dat we willen realiseren. Wanneer we gevraagd worden onze daden te verklaren, antwoorden we te vaak met een zin die met 'Omdat...' begint en naar een gebeurtenis in het verleden verwijst, in plaats van met een zin die met 'Teneinde...' begint en op de toekomst gericht is.

Voorafgaande gebeurtenissen kunnen vanzelfsprekend een goed motief voor actie vormen. Misschien worden de meeste van onze daden gestimuleerd door vroegere gebeurtenissen en ontwikkelingen, of dat nu stijgende kosten, een groeiend ge-

brek aan opslagruimte, een gevecht, oorlog of overstroming is. Wanneer de oorzakelijke gebeurtenis een verzoek van een collega is slagen we er meestal niet in onze doelstelling daar op bevredigende wijze aan te verbinden. Het is gemakkelijker om het denkproces aan een superieur over te laten en een beperkte reeks instructies uit te voeren dan om de verantwoordelijkheid van de realisatie van een doelstelling op je te nemen.
Maar zelfs wanneer we handelen volgens de aanwijzingen van een hogergeplaatste, volstaat een voorafgaande oorzaak niet.
'Waarom haal jij zo gehaast een krant?'
'Omdat de baas dat vroeg.'
Die opdracht van je baas is voldoende reden om een krant te gaan halen. Je wilt hem niet negeren of ongehoorzaam zijn. Aan de andere kant lever je waarschijnlijk beter werk af als je zou weten waarvoor de krant nodig is. Wil je baas een krant om onder een druipend verfblik te leggen? Of wil hij het laatste nieuws over Bosnië of de huidige waarde van het aandeel van jullie bedrijf weten?
Als je het doel niet weet, kun je niet bepalen of je een oude krant van de stapel in de kast of de krant van vandaag moet halen, of dat je op Internet de aandelenprijzen moet opzoeken. Zonder doelstelling kun je je handelingen nooit goed uitvoeren.
Vaak proberen we het stellen van doelen te vermijden omdat het zwaar werk is. Vooruitzien is moeilijker dan terugkijken. We weten wat we gedaan hebben. Er wordt weleens gezegd dat 'wijsheid achteraf' een exacte wetenschap is. De beschrijving van wat we zullen proberen te bereiken vereist veel inspanning en verbeeldingskracht. Gedeeltelijk komt dit probleem voort uit de manier waarop onze geest de werkelijkheid ziet. De gebeurtenissen in het verleden zijn reëel, vertrouwd, levendig. De toekomst die we plannen, is onzeker, vaag, geheimzinnig. Het kost inspanning om onze geest op de toekomst te richten in plaats van op de dingen die ons nu beïnvloeden.

Je hebt een doelstelling, maar dat helpt niet

De beslissing om een toekomstgerichte doelstelling aan te ne-

men is slechts een eerste stap. Net zoals we soms blindelings te werk gaan doordat we voor een stimulus terug in plaats van vooruit naar het doeleinde kijken, kunnen wij blindelings te werk gaan bij het kiezen van een doelstelling.
Je weet dat een bedrijf of overheidsorgaan wordt verondersteld een beginselverklaring te bezitten. Iedereen vindt dat dat zo hoort. Aandeelhouders en functionarissen verwachten het. Maar men is er veel minder duidelijk over waarom je zo'n verklaring moet hebben. Als je niet vooruitkijkt naar het doel waarvoor je een doelstelling zoekt ben je ineffectief bezig. Veel bedrijven hebben dan ook een beginselverklaring die hun werknemers niet motiveert, hun inspanningen niet stuurt en hen niet helpt prioriteiten te stellen.
De meeste beginselverklaringen kennen een of meer gebreken.

Het inspireert niet. Sommige duidelijk geformuleerde doelstellingen motiveren niet. Dit geldt vooral voor routinetaken: sla de gegevens zo op zodat we ze kunnen terugvinden als we ze nodig hebben; vul de formulieren in zodat de baas niet kan klagen dat we geen archief hebben. Een doelstelling hebben waar niemand om geeft, is in feite hetzelfde als geen doelstelling hebben.

Je kunt er geen succes mee beoordelen. Een ander aspect van een goede doelstelling is dat deze criteria biedt waarmee we succes kunnen beoordelen. Aan het eind van de dag, week, maand of het jaar willen we kunnen terugkijken en zien dat er iets is bereikt. We willen graag mijlpalen bereiken.

Het geeft geen directe aanwijzingen. Het is mogelijk dat je een inspirerende visie hebt, maar geen concreet doel. Het verheven doel dat je inspireert kan zo ver weg lijken dat je niet weet hoe je er morgen aan moet gaan werken. Denk bijvoorbeeld aan een niet-commerciële organisatie met als staf een stel idealistische mensen die gruwen van het menselijk leed van oorlog. Ze besluiten dat hun doelstelling 'werken voor vrede' is. Hoe wenselijk en loffelijk vrede ook is – hoe inspirerend ook –, het is geen goede richtlijn voor je inspanningen. Zij zullen waarschijnlijk allemaal een verschillende kant opgaan en

elkaar misschien zelfs onbedoeld tegenwerken. Iemand is misschien voor 'vrede door kracht' en ondersteunt overheidsinvesteringen in afschrikkingswapens; de ander werkt voor vrede door ontwapening.
Zonder een duidelijk geformuleerde doelstelling die aan deze criteria voldoet zul je merken dat een groot deel van je werk geen band heeft met welk doel ook. Robert had de gewoonte ieder jaar aan zijn studenten rechten te vragen wat zij wilden dat een vriend zou zeggen bij hun herdenkingsdienst over zeventig jaar of meer. Hun visies leken veel op elkaar: 'Altijd beschikbaar voor familie en vrienden... toegewijd aan het openbaar belang... een steun voor de gemeenschap... leidde een evenwichtig bestaan...' enzovoort. Als de jonge workaholics vervolgens werd gevraagd hoe de banen die ze zochten of het werk dat ze als advocaat gingen doen, in verband stonden met het bereiken van die visie, waren ze sprakeloos over de kloof. Een visie op de verre toekomst en hard werken zijn allebei vereist, maar als datgene wat je vandaag doet niet is gerelateerd aan waar je wenst te eindigen, zul je daar nooit komen.

Het is niet gemakkelijk een doelstelling te formuleren

Een doelstelling formuleren die je inspanningen op prettige wijze richting geeft is lastig vanwege het spanningsveld tussen korte- en langetermijnplanning. Wanneer we naar de verre toekomst kijken, kunnen we idealistisch, fantasievol en visionair zijn. Op de lange termijn is in feite alles mogelijk en zijn we niet gebonden aan de zorgen van het moment.
Niettemin hebben visionaire ideeën weinig effect op wat we vandaag moeten doen. Te vaak staan die alledaagse taken waar we het zo druk mee hebben in geen enkel verband met die verre toekomst. Je werkt hard, beantwoordt vragen, telefoontjes en brieven. Je blijft dingen van het post-in-vak naar het post-uit-vak verleggen. Maar alleen maar nadenken over een langetermijnvisie – als je daar al tijd voor vindt – zal niets tot stand brengen. Niemand heeft interesse in een doelstelling die te beperkt is. Vooralsnog kan het erop lijken dat grote visies nooit kunnen worden gerealiseerd. Het doel is zo ver weg dat niet duidelijk is wat het dichterbij kan brengen.

Benadering: formuleer een doel dat je motiveert en leidt

Ongeacht wat je doet moet je zonder meer nagaan of je wel duidelijk weet wat je doel is. Dit is zowel waar voor iemand die een hek plaatst of een verslag schrijft als iemand die probeert de onderlinge samenwerking te verbeteren. Het geldt in het bijzonder wanneer het jouw taak is een doelstelling te kiezen. Je moet duidelijk weten waarom je een doel nodig hebt.

Niet alleen reageren, ook vooruitkijken

We gaan er vaak van uit dat doelstellingen een gegeven zijn, alsof ze al vooraf bestaan en wij ze ergens hebben klaarliggen. We hebben de neiging te geloven dat we een doel kunnen vinden door gewoon ons brein te doorzoeken om te ontdekken wat het is. Een bruikbare doelstelling vind je echter niet zomaar, deze moet worden uitgewerkt.

Je hoeft niet te kiezen tussen terugkijken naar een oorzaak en vooruitkijken naar een doel. Je kunt beide dingen doen. Terugkijken naar een stimulus kan helpen om een paar mogelijke doelstellingen te herkennen. Terugkijken kan je helpen in te zien wat er moet worden gedaan, de noodzakelijkheid daarvan en de risico's als je niets doet. Het geeft echter niet voldoende focus om je daden te sturen. Ongeacht van welk belang de stimulus is, is het enige waarop jij invloed kunt uitoefenen de toekomst.

Je volgt een managementcursus 'omdat' je baas dat heeft aangeraden of 'omdat' het bedrijf ervoor betaalt. Je bestudeert de producten van een concurrent 'omdat' je dat is opgedragen. Ongeacht hoe krachtig de stimulus ook is, je profiteert ervan wanneer je vooruitkijkt en van jezelf verlangt dat je een doelstelling bepaalt.

Als je een managementcursus volgt, *welk doel* wil je dan bereiken? Welke analytische technieken wil je leren? Welke vaardigheden wil je verwerven? Als jullie groep de producten van een concurrent bestudeert, *met welk doel* is dat dan? Probeer je gebreken en zwaktes te ontdekken die je je klanten kunt aanwijzen? Ben je op zoek naar goede ideeën waarvan je bedrijf kan profiteren?

Er bestaat altijd een spanningsveld tussen jezelf beperken tot de stappen die nodig zijn om een doel te bereiken en andere wenselijke zaken. Niet iedere activiteit in ieder bedrijf kan worden toegeschreven aan de realisatie van een duidelijk geformuleerde langetermijnvisie. Niettemin bestaat er een reëel gevaar dat te veel kostbare tijd en energie worden besteed aan rapporten lezen, aanbevelingsbrieven schrijven, buitenlandse bezoekers ontvangen en andere 'goede dingen' die je echter niet dichter in de buurt brengen bij de plaats waar je wilt zijn. Niet iedere seconde van je leven is er honderd procent op gericht je doelstellingen te bereiken. Zoals een manager die meedeed aan een van Alans workshops opmerkte: 'De tijd waarover we beschikken is eindig, maar het werk dat we *kunnen* doen is oneindig.'

Formuleer een doelstelling die helpt dingen gedaan te krijgen

Zodra je beseft dat je een doel zelf moet kiezen – of het nu voor een dag, een jaar of je leven lang is –, moet je die keus onder ogen zien. Niet alle doelstellingen zijn even bruikbaar. Sommige zijn beter dan andere als hulp om je productiviteit te verhogen.

Wat is het doel van een doel hebben? Aan welke criteria of normen moet een goed uitgekozen doel voldoen? Als wij allemaal beter werk afleveren wanneer we een duidelijk doel hebben, dan geldt hetzelfde voor de opstelling van doelen. Voor sommigen is een adequaat doel misschien: 'om mijzelf te vermaken' of, wanneer je onder grote druk staat: 'om de dag door te komen'. Je krijgt meer voor elkaar als je een stuk ambitieuzer bent. Waarschijnlijk lees je dit boek omdat je geïnteresseerd bent in het tot stand brengen van iets. Een goed vervaardigde verzameling doelstellingen moet aan vier algemene criteria voldoen:

- Het moet aanzetten tot betere prestaties.
- Het moet succes meetbaar maken en prestaties helpen evalueren.
- Het moet met je huidige inspanningen in verband kunnen worden gebracht.

- Het moet ervoor zorgen dat je alledaagse werk bijdraagt aan de realisatie van de grote resultaten die je wilt bereiken.

Bepaal je doelstellingen voor drie punten in de tijd

Het is niet gemakkelijk om in te zien hoe een en dezelfde doelstelling aan alle criteria hiervoor kan voldoen. Als je doelstelling verheven en inspirerend is – zoals een einde maken aan het geweld op scholen in de grote steden of de lancering van een nieuw bedrijf dat marktleider wordt –, dan is het moeilijk om vast te stellen wat je vandaag kunt doen om dat doel te bereiken. Als het een sobere, gematigde doelstelling is die je snel kunt bereiken – zoals het verzamelen van gegevens over jeugdcriminaliteit of op zoek gaan naar manieren om potentiële klanten te vinden –, dan is het moeilijk in te zien of een doelstelling veel verschil uitmaakt. Wanneer je de keuze hebt tussen een verheven of een praktisch doel is het beste advies geen keus te maken maar ze beide te identificeren. Door een doelstelling in termen van gestelde doelen voor drie verschillende punten in de tijd te formuleren krijg je:

- Een inspirerende verre visie.
- Een minder ver doel onderweg, dat op zich al een waardig doel is.
- Enkele directe doelen om meteen aan te beginnen.

Je moet deze drie doelen blijven vormgeven om ervoor te zorgen dat ze op één lijn blijven.

Een inspirerende verre visie. Je zult de nodige inspanningen moeten verrichten om goed werk te leveren wanneer je doelstelling voldoende betekenisvol is om een bepaalde emotionele inzet te verzekeren. Duidelijkheid is niet genoeg. De taak om twintig gaten te graven van twee meter diep en ze dan weer op te vullen is duidelijk en expliciet. Het zal echter een volstrekt onbevredigende doelstelling voor de activiteiten van een dag zijn, tenzij je een goed antwoord weet op de voor de hand liggende vraag: 'Waarom?'

Je moet een visie hebben op een toekomstige situatie, die de inspanning rechtvaardigt. Je wilt niet dat je collega's zich alleen maar schikken naar verwachtingen, maar dat ze vrijwillig bijdragen aan een doel dat ze begrijpen. De staf van het Internationale Rode Kruis en andere hulpverleners moeten rekening houden met ontzettend veel ongemakken en risico's. Hun bereidheid om dat te doen is een consequentie van de verhevenheid van hun doel. De inspanning die eenieder zich voor een bepaalde taak getroost zal ervan afhangen in hoeverre die taak een bepaald doel verder helpt. Het is gemakkelijker de hele dag stenen te houwen wanneer je weet dat je aan een kathedraal bouwt.

Niet iedere doelstelling is inspirerend. Maar hoe duidelijker een verre visie je een goede reden geeft voor wat je aan het doen bent, des te beter zul je werken. Dat doel kan persoonlijk zijn, zoals voldoende verdienen om je gezin te kunnen huisvesten of een wandeltocht in Alaska te kunnen betalen. Nog beter is het als je een doelstelling aan het werk zelf kunt verbinden, zoals ontdekken waar er geld wordt verspild in het productieproces, zodat meer mensen zich het geneesmiddel kunnen veroorloven dat jouw bedrijf maakt. Je kunt in tal van banen geld verdienen. Wat is goed aan deze baan? Het is prima als je geen behoefte voelt om te vragen: 'Wat is mijn doel als ik dat doe?' of wanneer je opmerkt: 'Ik kan in deze baan niet echt een doel ontdekken.' Naarmate een ver doel meer voor zichzelf spreekt, bezit het meer legitimiteit en morele waarde; waarschijnlijk wint het dan ook aan betekenis en inspireert het hen die aan het project werken.

Een bruikbaar ver doel staat voldoende veraf zodat de formulering ervan niet door het nieuws van vandaag of door directe zorgen wordt overheerst. Je wilt niet dat je planning wordt doorkruist door tijdelijk beperkte kasmiddelen of door iets wat een lid van de raad van bestuur tijdens de laatste vergadering heeft gezegd. Je moet een visie bepalen met het oog op de toekomst, vrij van alle zorgen van vandaag.

Je moet echter geen doelstelling kiezen die zo ver verwijderd is dat zij geen enkel effect heeft op wat je nu doet. Een doel dat 'achter de horizon' ligt, biedt geen enkel aanknopingspunt. Je visie kan nog zo verheven en inspirerend zijn, maar zij moet ook voldoende duidelijk en dichtbij zijn om effect te hebben op wat je morgen doet.

Een tussentijds doel als mijlpaal. Tijdens een beroemde zeilrace voor kleine boten bij Martha's Vineyard kregen de deelnemers te maken met mist, een briesje en een flinke getijstroom. De boten konden elkaar zien, maar verder niets. Zonder enig herkenningsteken voor een houvast liet een bemanning langzaam het anker zakken om vast te stellen in welke richting de boot voer ten opzichte van de bodem. Ze ontdekten dat ze terugdreven en gingen voor anker totdat het getij keerde. Deze boot, die naar de voorste linie 'bewoog' terwijl de andere boten door het getij werden teruggetrokken, won uiteindelijk de race.

In je doelstelling moet je ernaar streven een basis aan te geven voor de vaststelling van je vooruitgang. Je wilt niet wachten, zeker geen jaren, om vast te kunnen stellen of je je verre visie dichterbij heb gebracht. Als je succes alleen aan het einde meet, is het te laat om er nog iets aan te veranderen. Je hebt onderweg referentiepunten nodig om de vooruitgang te meten. Een goed geformuleerde doelstelling moet daarom een tussentijds doel bevatten – realistisch en meetbaar – op weg naar je verre visie. Een duidelijk geformuleerd tussentijds doel, dat aan een bepaalde datum is verbonden, biedt een basis voor de beoordeling van prestaties terwijl er nog ruimte voor correctie is.

Terwijl je je langetermijnvisie ten uitvoer brengt bestaat de mogelijkheid dat deze buiten je bereik blijkt te liggen of dat je besluit een andere visie aan te nemen. Om tijdverspilling te voorkomen zou een tussentijds doel een prestatie moeten zijn die de moeite waard is, ongeacht het feit of je de uiteindelijke visie realiseert. Een brug half over een rivier aanleggen volstaat niet, maar een half zo brede brug over de hele breedte van de rivier misschien wel.

De divisie van Kodak die de Hubble-telescoop heeft gemaakt, wist dat NASA het project zou stoppen als het Congres op de fondsen voor de gigantische satelliet ging bezuinigen. Om tijdverspilling en nutteloze moeite te voorkomen liet zij een groep ingenieurs ervoor zorgen dat de techniek die voor de satelliet was ontwikkeld ook een commerciële toepassing kreeg. Als er een keuzemogelijkheid was voor de benadering van een technisch probleem werd die optie die ook voor andere toepassingen geschikt was gekozen.

Enkele directe doelen. Een inspirerende verre visie zorgt voor richting en redenen om iets te doen. Een tussentijds doel biedt maatstaven en is de moeite waard om onderweg te worden volbracht. Ook bestaat er behoefte aan activiteiten die onze krachten direct aanspreken en betrokkenheid bij het gezamenlijke project ontwikkelen.
Wel loop je een groot risico dat er ondanks al het richting kiezen en bepalen van verre en tussentijdse doelen niets zal gebeuren, tenzij je de volgende vragen kunt beantwoorden: 'Wat zijn de volgende stappen die op weg naar het einddoel moeten worden gedaan? Welk resultaat moeten we aan het eind van de week hebben bereikt?' Ieder afzonderlijk doel moet je dichter bij het gewenste eindresultaat brengen.
Iedere politicus weet dat het niet voldoende is om aanhangers te inspireren met het verre doel van een schonere stad, een beter beleid of een nieuwe democratie. Politici hebben ook directe activiteiten om aanhangers voor zich te winnen. Potentiële collega's hebben een paar directe doelen nodig waar ze zich voor kunnen inzetten. Om de krachtige verbondenheid op te roepen die politieke activiteiten effectief maakt vragen kandidaten hun kiezers vaak specifieke dingen te doen waar ze direct aan kunnen beginnen, zoals deuren langsgaan, enveloppen klaarmaken, postzegels plakken, posters uitdelen, post of telefoontjes beantwoorden. Als je eenmaal bent begonnen actie te ondernemen zul je steeds meer toegewijd worden. Slechts weinig mensen houden van de gedachte dat ze zijn beetgenomen en hun energie verspillen. Als je eenmaal aan een project hebt meegewerkt zul je het waarschijnlijk een stuk belangrijker vinden. Door ergens aan te beginnen – met name iets zinvols in relatie tot een ver en verheven doel – vergroot je de kans dat je twijfels van je afwerpt, ambivalente gevoelens opzij zet en blijft doorwerken. (De psychologische overtuiging om te blijven geloven in wat we doen is zo sterk dat we onze doelen regelmatig moeten onderzoeken en moeten nagaan of ze nog wel verstandig zijn.)

Formuleer je doelstelling in termen van de resultaten die je wilt bereiken

Doelen die de moeite waard lijken geven niet altijd aan welke richting je moet inslaan. Een van de vroegst geformuleerde doelen van artsen is 'geen letsel toebrengen'. Dit houdt een bewonderenswaardige beperking en waarschuwing voor hun activiteiten in, maar het geeft geen aanwijzing over wat zij moeten doen. Golfen, onkruid wieden, televisie kijken en een boek lezen zijn allemaal manieren voor artsen om geen letsel toe te brengen.

Als je iets wilt bereiken en jezelf niet alleen wilt bezighouden, kun je je doelstelling het best verwoorden door dingen aan te geven die moeten worden volbracht. In de beste doelstelling komt het er niet op neer dat je op verschillende momenten in de toekomst hard, efficiënt of met plezier zult werken, maar dat je op een bepaald moment iets hebt bereikt dat meetbaar is. Je hebt dan een kathedraal of een schuur gebouwd. Je hebt een hectare grond ontgonnen of de hypotheek afbetaald. Het bedrijf telt vijf of vijfhonderd werknemers. Wat je doel ook is, je moet kunnen vaststellen dat je het hebt voltooid.

Beknopt geformuleerde, goede doelstellingen zijn zelfstandige naamwoorden, geen bijvoeglijke naamwoorden. Werk willen verrichten dat 'uitstekend' of 'van wereldklasse' is, zegt niets. Een klein bedrijf – stel een bedrijf dat bomen verwijdert en landschappen vormgeeft voor institutionele cliënten – kan als doel 'een uitstekende relatie met klanten' hebben. Als werknemer die met klanten te maken heeft, weet je dan nog niet wat je moet doen. Heeft de klant binnen een uitstekende relatie recht op korting? Als een wervelwind bomen ontwortelt, help je dan vaste klanten eerst of vertrouw je erop dat zij je trouw blijven terwijl je eerst nieuwe klanten bedient? Een tastbaar doel geeft meer houvast: 'Over een jaar zullen onze drie grootste klanten nieuw werk willen uitbesteden voor concurrerende aanbiedingen, maar zij zullen ons het werk tegen onze standaardprijzen geven.' Vervolgens kun je overwegen wat je moet doen om je klanten ervan te overtuigen die stap te nemen.

Een doel kan een concreet product zijn. Het kan ook een rapport over het een of ander zijn. In veel gevallen, met name voor mensen aan de top van een organisatie, komt het neer op gedragswijzigingen bij de collega's. De voorzitter van een groot chemisch bedrijf maakte een beleidsprogramma dat erop was gericht zijn managers zover te krijgen dat zij hun stafleden technisch werk lieten verrichten in plaats van het zelf te doen. Terwijl het langetermijndoel was de prestaties in de productie te verbeteren, zag de voorzitter in dat een tussentijds doel was een ingrijpende wijziging door te voeren in de manier waarop zijn managers leiding gaven. Als bruikbaar, tussentijds doel moet een verandering in de managementstijl meetbaar zijn. Er zijn allerlei maatstaven mogelijk. Misschien verlangt de voorzitter dat de managers de namen kunnen noemen van bekwame, getrainde werknemers die voortaan bepaalde technische problemen afhandelen. Of hij verlangt dat managers die hoger in rang zijn voorbeelden kunnen noemen van wat zij zelf als een bewijs voor verandering beschouwen.

Specifieke stappen: een manier om een reeks doelen te bepalen

Een bekend verhaal vertelt van een vreemdeling die een man onder een lantaarnpaal zag ijsberen. Toen de vreemdeling vroeg of hij kon helpen, zei de man dat hij op zoek was naar zijn autosleutels die hij had laten vallen. Na een tijdje te hebben meegezocht, vroeg de vreemdeling of de man zich kon herinneren waar hij de sleutels had laten vallen. De man antwoordde: 'Ongeveer drie straten verderop, maar het licht is hier veel beter.' Het moge hiermee duidelijk worden dat een volgende stap niet alleen moet worden gezet omdat hij gemakkelijk is.

Als je wilt dat je inspanningen resultaat hebben, moeten de verschillende doelen die je realiseert elkaar versterken in plaats van elkaar op te heffen. De inspanningen die je over een bepaalde tijd levert, moeten accumulatief zijn, elke prestatie moet op de voorgaande voortbouwen. Ze moeten in dezelfde richting wijzen, zowel nu als in de toekomst. Dit houdt in dat je verre visie, je tussentijdse doel en je directe doelen op één

lijn moeten staan. Samen moeten ze als kompas dienen om de richting aan te geven waar je naartoe moet.
De visie die aangeeft waar je heen wilt moet de middelen om daar te komen overheersen en dat geldt zowel voor je tussentijdse doel als je eerstvolgende stappen. Zet geen volgende stappen, hoe eenvoudig ook, die je wegvoeren van de richting waarheen je wenst te gaan. Als je een idee hebt gevormd over het soort doel dat bruikbaar kan zijn – een reeks tastbare doelen, uitgezet over drie of meer punten in de tijd –, kun je gaan nadenken over de manier waarop je de doelen uitkiest.

Begin met het doel dat het meeste vertrouwen oproept

Soms word je gemotiveerd door een verre visie: 'Ik wil dat mijn bedrijf over tien jaar vestigingen over de hele wereld heeft.' Of je bent gelukkig met je alledaagse taken en vertrouwt erop dat ze op een goed doel gericht zijn. 'Ik ben trots op ons bedrijf. Ik geniet van wat ik doe.' Begin met een doel dat zinnig lijkt en breng de andere doelen daarmee in overeenstemming.

Herzie nabije en verre doelen tot ze op één lijn staan

Waar je ook begint, werk naar de toekomst toe en dan weer terug naar het heden tot je die prestaties waarover je tevreden bent voor verschillende momenten in de toekomst hebt geformuleerd.

Vraag 'met welk doel?' In sommige gevallen heb je weinig over langetermijndoelen nagedacht, maar weet je wel wat je morgen wilt bereiken. Als je een experimentele hypothese over een volgende stap hebt, vraag dan 'Waarom? Met welk doel?'
Als je een antwoord op die vraag weet, stel de vraag dan weer en blijf dat doen tot je niet meer verder kan. Je hoeft bij deze verkenning van je motieven niet naar dat ene 'juiste' antwoord te zoeken. Het verdient aanbeveling een lijst van mogelijke doelstellingen te maken en daaruit te kiezen.
Als je bijvoorbeeld slechts van een deel van het alledaagse

werk op een advocatenkantoor geniet, is het de moeite waard je af te vragen: 'Met welk doel houd ik mij met het recht bezig? Zijn er geen redenen om ermee op te houden en iets anders te gaan doen?' Als je redenen reactief zijn – je stopt niet omdat je je hypotheek moet aflossen –, formuleer dan enkele positieve redenen om advocaat te zijn. Als je erover nadenkt kom je er misschien achter dat je sommige cliënten wel graag vertegenwoordigt en anderen niet. Misschien help je graag minder draagkrachtige gemeenschappen met milieuzaken. Misschien wil je liever startende hightech-bedrijven bijstaan die de economie vooruithelpen. Probeer in elk geval een voorlopig tussentijds doel aan te nemen, waarbij je samen met vrienden een eigen bedrijf opzet dat zich inzet voor een bepaald soort klanten.

Vervolgens moet je jezelf weer dezelfde vraag stellen: 'Waarvoor?' Met welk doel beoefen je dit soort recht voor deze mensen? Om geld te verdienen? Om genoeg geld te verdienen zodat je het je kan veroorloven 'goed te doen'? Om de wereld te verbeteren? Verbeteren voor wie? Je zult waarschijnlijk zowel gelukkiger als productiever zijn wanneer je een hoger doel kunt formuleren waar je naartoe wilt werken.

Als je jezelf en je partners ertoe dwingt een ver doel te verduidelijken helpt dat om een algemene, onderliggende doelstelling voor je daden te formuleren. Terwijl je erover nadenkt kom je er misschien toe een ander tussentijds doel te kiezen en je 'volgende stappen' te herzien, zodat ze weer op één lijn komen met je verre visioen.

Vraag 'met welke middelen?' Om terug te keren van een ver doel naar een tussentijds doel en enkele directe doelen moeten we onszelf afvragen: 'Hoe? Met welke middelen?' Degenen die graag naar de visie van een federale wereldregering toe werken moeten zich afvragen hoe ze dat kunnen bereiken. Wat zijn enkele tussentijdse doelen die kunnen aangeven dat zij op de goede weg zijn? Om te beslissen wat ze morgen moeten doen moeten ze een paar mogelijke punten identificeren tussen de visie op een verre toekomst en de hedendaagse realiteit. Zo'n tussentijds doel zou een organisatie kunnen zijn ('wereldfederalisten') die hun visie gaat promoten. Andere tussentijdse doelen zouden boeken of cursussen kunnen zijn die de wenselijkheid van het verre doel aantonen en er steun voor creëren.

Iemands doelstelling

De advocaat die merkte dat hij geen motiverende doelstelling had, had die situatie niet hoeven accepteren. Hij kon zelf een doelstelling formuleren in plaats van af te wachten of anderen hem er een gaven. Zo'n doelstelling zou er als volgt kunnen uitzien:

Langetermijnvisie
Over vijf jaar heb ik een eigen kantoor dat zich richt op de specialiteit die mij het beste ligt: intellectueel eigendomsrecht voor software.

Tussentijds doel
Over twee jaar werk ik met drie cliënten op dit gebied en zal ik twee klanten zelf hebben aangedragen. Advocaten die mij kennen, zien mij als een specialist in intellectueel eigendom. Ik zal een kort artikel hebben gepubliceerd over een zaak die met software-copyright te maken had.

Directe doelstellingen
Tegen het eind van deze maand heb ik mijn lopende zaken zo goed afgehandeld, dat de leidinggevende partners ermee akkoord gaan dat ik de mondelinge vertegenwoordiging doe. Ik zorg ervoor dat ik de nieuwe zaak krijg toegewezen die Stan heeft aangedragen, door me na kantoortijd in de stof te verdiepen en een paar goede suggesties te doen. Ik zal het toelatingsexamen voor advocaten hebben gehaald over de onderwerpen copyright en merkenrecht.

Verduidelijk ten tweede een visie over de gezamenlijke toepassing ervan: iedereen werkt mee aan het tot-stand-komen van een reeks resultaten die gezamenlijk worden nagestreefd

De verbetering van je persoonlijke vaardigheid in de bepaling van doelstellingen is waardevol, ook als je weinig meer doet. Het kan ook dienen als een opstapje naar een gedurfd doel: een groep zover krijgen dat zij betere gewoontes voor de organisatie aanleert.

Probleem: als je met anderen samenwerkt, is een vage doelstelling zelfs een grotere belemmering

Net zoals je meer voor elkaar krijgt wanneer je een duidelijk doel voor ogen hebt is het beter wanneer je organisatie een duidelijke collectieve doelstelling heeft. Als het aantal mensen dat samenwerkt toeneemt, stijgt de noodzaak van een duidelijke, gemeenschappelijk begrepen doelstelling evenredig. Als je alleen werkt zonder doelstelling, zul je waarschijnlijk wel *iets* gedaan krijgen. Wanneer je met anderen gaat samenwerken, kan het gemis van een duidelijk, gemeenschappelijk begrepen doel ervoor zorgen dat er helemaal niets wordt bereikt. Een organisatie die geen duidelijk idee heeft over wat zij wil bereiken, is een wanordelijke organisatie.

> De jonge partner van het advocatenkantoor merkte dat zijn inzet minder werd omdat hij zijn eigen doelstellingen niet goed begreep. Dat was echter niet het enige of ergste gevolg. Het volgende jaar keek hij toe hoe het bedrijf aan de rand van de afgrond wankelde en bijna ontbonden werd.
> De drie leidinggevende partners droegen de meeste zaken aan en hadden de grootste beslissingsbevoegdheid. Andy probeerde vooraanstaande financiers als klant binnen te halen en wilde een aantal van de slimste jongere advocaten als reserve beschikbaar houden, zodat hij direct procedures kon beginnen in zaken die de voorpagina van de *Wall Street Journal* haalden. Stan streefde een nationale strategie na van

rechtsgedingen tegen verzekeringsmaatschappijen die weigerden de milieukosten van hun industriële cliënten te dekken. Hij nam weinig opleverende zaken van gemeentebesturen aan met claims voor geleden schade aan het milieu, en probeerde daarbij een gunstige jurisprudentie te scheppen door strategisch geselecteerde gerechtshoven uit te kiezen. Omdat deze zaken vele jaren konden lopen en veel bronnen kenden die schade aan het milieu aantoonden, vereisten ze een grote investering in personeel om al het bewijsmateriaal te verwerken. Fred wilde dat alle advocaten voor cliënten werkten die het volle tarief betaalden, zodat de winst per partner maximaal was, een algemene maatstaf voor succes in de industrie. De drie leidinggevende partners vochten al jarenlang tijdens algemene vergaderingen over deze thema's. Uiteindelijk verliet een van hen het kantoor en nam een groot aantal cliënten mee. Maar tegen die tijd gaf de jonge partner daar niet meer om. Hij was al opgestapt.

Dit soort situaties komt ontmoedigend vaak voor. De leden van een organisatie ervaren geen motiverende doelstelling en worden ontevreden. Anderen proberen de organisatie in verschillende richtingen te trekken, zonder een expliciete discussie te voeren over wat het bedrijf moet proberen te bereiken. Afgesproken doelstellingen geven de stafleden geen aanwijzing over hoe zij hun werk moeten invullen. Wat is de oorzaak van deze problemen?
Sommige oorzaken zijn dezelfde als de oorzaken die je voor jezelf hebt vastgesteld. Mensen reageren op het verleden en kijken slechts zelden vooruit. We hebben een vaag doel als 'uitmuntendheid' dat geen aanwijzing geeft voor onze daden. Andere oorzaken hebben specifiek te maken met de samenwerking als groep.

Sommigen begrijpen geen enkel doel

Als er een nieuwe collega op kantoor komt besteden we er meestal meer tijd aan te vertellen wat hij moet doen in plaats van waarom. Dat bespaart ons op de korte termijn misschien wat tijd, maar zodra er een nieuw onderwerp opduikt, moet de collega 'in opleiding' terugkomen voor meer advies.

We werken elkaar ongewild tegen

Vaak hebben mensen die samenwerken verschillende opvattingen over wat zij wensen te bereiken. Je buurman stelt voor gezamenlijk een schutting te plaatsen aan het uiteinde van jullie tuinen om een afscheiding met het veld daarachter te maken. Je gaat akkoord. Je wilt de konijnen uit je tuin houden en bent dus onaangenaam getroffen wanneer hij een drie meter hoge houten palenschutting heeft geplaatst om het lawaai en uitzicht op de nabije snelweg te blokkeren, terwijl de konijnen er gemakkelijk onderdoor kunnen kruipen.
Het is mogelijk om beide doelen te realiseren als je begint met een gemeenschappelijke overeenstemming. Hoe meer mensen ergens samenwerken, des te groter is het risico dat sommigen strijdige doelen hebben.

Het is moeilijk om iedereen in te schakelen

Samenwerken in een groep verhoogt het risico van traagheid. Met anderen in de buurt zijn er meer afleidingen, je kunt vriendschappelijke banden met collega's aangaan of tegen hen samenzweren. Bovendien is de noodzaak om dingen gedaan te krijgen minder dringend. Ongetwijfeld lost iemand anders het probleem wel op. Jij kunt je ontspannen. Het verminderde gevoel van verantwoordelijkheid dat we allemaal ervaren in een menigte, krijgt de overhand. Sociaal-psychologen hebben vastgesteld dat de kracht die een groep bij het touwtrekken teweegbrengt minder is dan de som van alle individuele krachten.

Visie: een gezamenlijk geschapen reeks doelstellingen die ons kan leiden en motiveren

Een groep zal beter presteren als zij gezamenlijk gebruik kan maken van de vaardigheid om doelstellingen te bepalen, net zoals jij die voor jezelf hebt ontwikkeld. Net als een chef-kok in een groot restaurant zullen verschillende mensen in een organisatie verschillende directe doelen nastreven, die later allemaal worden gecombineerd voor het bereiken van een hogere doelstelling. De hogere prestatie zal waarschijnlijk beter zijn als iedereen begrijpt welk aandeel hij in het geheel heeft. En een taak die ondergeschikt en saai lijkt kan een stuk aangenamer zijn als je weet op welke manier jij aan het hogere doel bijdraagt, en dat jouw collega's je inbreng op waarde weten te schatten. President Kennedy vroeg ooit eens aan een man die de vloeren in Cape Canaveral aanveegde: 'Wat doet u hier?' 'We sturen een man naar de maan,' was zijn antwoord.

Gezamenlijk brainstormen, discussiëren, ontwerpen en verschillende formuleringen herzien dragen allemaal bij tot het verscherpen van onze doelstelling en maken dit tot een bruikbare gids. John Harvey-Jones, de oud-voorzitter van de chemiegigant ICI, beschreef in zijn boek *Making It Happen* hoe hij en zijn raad van bestuur deze methode toepasten om de regie van het bedrijf te bepalen. Ze voerden informele discussies en schreven 'enorme bergen werk op flip-overs'. De uitkomst van misschien drie dagen werk was 'niet meer dan tien punten op een flip-over, en we beschouwden dat als een goede maatstaf voor schrapwerk'. In zijn visie bereikten ze op die manier 'een gemeenschappelijke visie en een toewijding aan die visie, die van een andere orde zijn dan wat je op andere manieren kunt bereiken'. Gezamenlijk werken aan de definiëring van doelstellingen verkleint het risico dat we elkaar ongewild tegenwerken.

Iedereen draagt bij aan de formulering van de na te streven doelstellingen

Leden van een organisatie begrijpen de doelstelling het best wanneer zij aan de formulering ervan hebben bijgedragen. Je denkt misschien: Dit is gekkenwerk. Een groot bedrijf kan niet iedere werknemer uitnodigen voor een vergadering om doelstellingen te bepalen. En wat garandeert dat de doelen die de werknemers kiezen in overeenstemming zijn met die van de raad van bestuur en de aandeelhouders? Daar zit wat in. Het is lastig. Maar het is niet onmogelijk. Het is moeilijk om een bruikbare doelstelling te formuleren. Hoe groter het aantal mensen dat samenwerkt, des te moeilijker is het om iedereen te betrekken bij de formulering van het doel van hun gezamenlijke inspanning. En sommige leden van een organisatie, de mensen aan de top, hebben een speciale verantwoordelijkheid voor de vorming van haar visie en doelen.

Als vuistregel geldt dat ieder lid van een organisatie een bijdrage moet leveren aan de vaststelling van de doelen waar hij of zij voor verantwoordelijk is. Wanneer een langetermijnvisie of een tussentijds doel door het hogere leidinggevende kader wordt vastgesteld, kunnen werknemers op alle niveaus plannen hoe zij die visie het beste kunnen verwezenlijken.

Een van de waardevolste aspecten van de formulering van doelen voor verschillende momenten in de toekomst – dat wil zeggen op verschillende niveaus wat betreft de bijdrage aan de hogere taak – is dat hierdoor meer mensen kunnen meedoen aan een relatief efficiënt proces waarbij de doelstellingen worden bepaald. De raad van bestuur kan de langetermijnvisie bepalen. Het leidinggevend middenkader bepaalt de tussentijdse doelen. Individuele werknemers werken de eerstvolgende stappen uit die zij op weg naar die hogere doelen zullen zetten.

Een taak voor de managers is te controleren of de onmiddellijke, persoonlijke doelen die iedere groep of werknemer uitkiest, op één lijn staan met de langetermijnvisie en voldoende ambitieus zijn om de werknemers uit te dagen. Iemand moet voor het bedrijf de vragen stellen: 'Met welk doel?' 'Met welke middelen?' Als de doelen en doelstellingen van alle werknemers worden gecontroleerd kan tegelijk worden nagegaan of zij de hogere, nagestreefde doelen goed hebben begrepen.

Iedereen leert de directe doelen van collega's kennen

Een ander voordeel van de gezamenlijke bepaling van doelstellingen is dat men niet alleen de volgende stappen leert die genomen moeten worden maar ook de doelen waaraan zijn collega's werken. Als je de doelstellingen van je collega's kent kun je informatie en hulpmiddelen aanreiken die hen helpen ze te bereiken. Ook kun je uit hun buurt blijven door acties te mijden die tussenbeide komen.

Als mensen hebben bijgedragen aan de formulering van doelstellingen raken ze erbij betrokken

Een probleem dat iedere organisatie kent is het ervoor zorgen dat de werknemers zich doelstellingen van de organisatie eigen maken. Hoe kun je ervoor zorgen dat werknemers – zowel op de werkvloer als in de directiekamer – zich echt betrokken voelen bij de doelstellingen waar ze naar streven? De gemakkelijkste manier om iemand over te halen de doelstellingen van de organisatie als zijn eigen doelstellingen te beschouwen, is hem mee te laten werken aan de vaststelling ervan. Als je zelf kunt uitwerken hoe je een hoger doel ondersteunt neem je waarschijnlijk eerder aan dat het belangrijk is. Als iemand meehelpt een doel of prestatienorm te bepalen zal hij of zij het redelijk vinden; een werknemer kan nauwelijks beargumenteren dat het bedrijf te veel van hem verlangt wanneer hij zelf de richtlijnen heeft helpen uitzetten.

'Hoe kunnen we ervoor zorgen dat dit gebeurt?' We bestuderen een klein voorbeeld om te kijken hoe dit proces verloopt. Stel je een klein adviesbedrijf voor dat adviseert bij onderhandelingen. De stichter van het bedrijf heeft een idee dat hem bevalt en verlangt dat drie jonge adviseurs hem ongeveer de helft van hun werktijd gaan helpen. Hij belegt een vergadering.

Stichter: Ik vind dat we iets moeten gaan doen aan het geweld op scholen. Maar we kunnen niet naar iedere school gaan. Een hippe video waar kinderen naar kunnen kijken kan hen dezelfde punten leren. En veel scholen die ons niet kunnen inhuren, kunnen wel een paar honderd dollars uitgeven voor een videoserie. Door het goed te doen kunnen we eventueel ook financieel voordeel behalen. En sommige amusementsbedrijven die onder vuur liggen omdat ze seks en geweld op televisie laten zien, willen misschien dit project ondersteunen om hun image te verbeteren. Vooruit, wat hebben we nodig om aan de slag te kunnen? Hoe krijgen we dit project van de grond?

Adviseur 1: Ik stel voor dat we met de videoserie beginnen.

We kunnen een rondvraag onder klanten doen en als de video verkoopt, hebben we geld om in de rest te investeren.

Adviseur 2: En als het project ze niet bevalt? Dan hebben we al veel tijd aan een doodlopend spoor besteed.

Adviseur 1: Het gaat om dezelfde principes die we altijd al onderwijzen. We kunnen het ook voor andere cursussen gebruiken. We kunnen voorbeelden bedenken die thema's in bestaande cursussen uitwerken.

Adviseur 3: Voordat we daaraan beginnen, moeten we eerst een partner vinden om de productiekosten te delen. Kennen we niet iemand die voor ons de deur bij een productiebedrijf kan openen?

Adviseur 2: Ik zal het de leden van de raad van bestuur vragen. Zij beschikken per slot van rekening over goede connecties. En we hebben iets nodig wat we aan die mensen kunnen laten zien om het idee te verkopen.

Adviseur 1: We zouden een eerste versie op een goedkoop videosysteem kunnen maken.

Adviseur 3: Met onze talenten? Laten echte filmmensen niet eerst een script zien?

Stichter: Een goed idee. Ben jij bereid een poging te wagen een script te schrijven?

Adviseur 3: Hm, vooruit...

Na meer voorbereidend werk nemen ze de volgende doelstelling aan:

Een ver visioen

Over vijf jaar hebben we een divisie die lesvideo's maakt om middelbare scholieren te onderwijzen hoe ze meer kunnen bereiken door te onderhandelen dan door het gebruik van geweld. De videoserie zal op veel scholen in het hele land worden gebruikt. Tieners die deze video's hebben bekeken, zullen volgens de statistieken minder vaak worden opgepakt voor geweldsdelicten. Onze divisie verzorgt de intellectuele inhoud en zal een strategisch partnerschap aangaan met een organisatie die ervaring heeft in de productie en distributie van (eventueel educatieve) amusementsmedia. Het project zal genoeg inkomsten opleveren om zichzelf te bedruipen en de uitbreiding ervan te financieren.

Een tussentijds doel

Binnen twee jaar hebben we een videofilm van tien tot vijftien minuten geproduceerd over alternatieven voor geweld. Deze eerste videoband leert een paar eenvoudige lessen, die ook waardevol zijn als de rest van de serie er niet komt. De film kan worden gebruikt als onderdeel van bestaande cursussen. Verder zal hij de basis vormen voor het ontwerp van andere verwijzingen binnen een serie.

Directe doelen

Binnen drie maanden hebben we:

- Geplande ontmoetingen met invloedrijke leidinggevenden bij minstens twee mediabedrijven (zoals Disney, Paramount, Time Warner en Nickelodeon) om hen te interesseren voor het idee. (Wordt uitgevoerd door de stichter.)
- Een ontwerpvoorstel dat een schets van de serie bevat. (Adviseur 1.)
- Een ontwerpscript voor een inleidend deel. (Adviseurs 2 en 3.)

Als je denkt dat de praktijk van het gezamenlijk formuleren van doelstellingen aantrekkelijk is voor jou, dan is de volgende vraag: wat moet je doen om het dichterbij te brengen?

Geef vervolgens leiding: verbeter de vaststelling van doelen in jouw organisatie

Gewapend met een visie over betere samenwerking bij de vaststelling van doelstellingen kun je je aandacht richten op het ervoor zorgen dat het gebeurt. Je kunt ervoor zorgen dat je ondergeschikten, je collega's en zelfs je baas betere methoden gaan toepassen. Afhankelijk van de omstandigheden kun je de tactiek uitkiezen die het meest effectief lijkt. Dat zal niet gemakkelijk zijn. Pogingen om een probleem op te lossen maken de dingen soms alleen maar erger.
Denk maar aan de jonge advocaat wiens kantoor geen duidelijk begrip van de bedrijfsdoelstelling had. Hij probeerde

er iets aan te doen, maar ongelukkig genoeg was de tactiek die hij koos niet effectief.
In zijn eerste benadering gaf hij blijk van zijn onvrede over de manier waarop de leidinggevende partners onderling met elkaar worstelden. Tijdens een vergadering over een onverwachte daling in de inkomsten van het kantoor richtte hij zich vol goede moed tot de leidinggevende partners: 'Jullie klagen dat wij niet genoeg geld verdienen, en jullie willen dat de jonge advocaten meer uren maken. Maar Andy blijft mensen op pro-bonozaken zetten die niets opleveren. En Stan vormt een reservevoorraad advocaten die nu achtergrondwerk verrichten, zodat hij over hen kan beschikken als hij een nieuwe klant probeert binnen te halen. Geef ons dan niet de schuld dat we proberen niet te veel op te vallen. Als jullie werkelijk willen dat het kantoor meer gaat verdienen, moeten jullie je eigen stokpaardjes opgeven.' De jonge advocaat werd uitgebreid gefeliciteerd door zijn gelijken op grond van het feit dat hij onuitspreekbare waarheden had verkondigd. De oudere partners veranderden echter hun gedrag wat betreft de werkverdeling per zaak niet behalve dan dat de jonge advocaat voortaan extra vervelende klusjes kreeg.
Hij dacht bij zichzelf: ik heb ze aangevallen op hun huidige gedrag zonder ze positieve alternatieven aan te reiken. Geen wonder dat ze zich op deze manier verdedigen. Zijn volgende benadering was hen een oplossing mee te delen. Bij de volgende vergadering van de partners kwam hij voorbereid met zijn eigen doelstelling voor het bedrijf. Zonder zelfs maar naar zijn verklaring te kijken, zei de oudste partner: 'We laten je partner worden en het volgende moment denk je dat je de leiding hebt. Waar was jij toen ik dit kantoor in het leven riep?' Er werd over het voorstel van de jonge advocaat gestemd en het werd met grote meerderheid verworpen.
Wat zou jij doen? Stop even met lezen. Denk na over deze situatie. Welke benadering zou jij proberen? Kijk nadat je een benadering heb bedacht naar onze voorstellen. We beweren niet dat onze voorstellen beter zijn dan die van jou (vooral omdat we niet weten wat jouw voorstellen zijn), maar ze geven je wel nog wat extra stof om over na te denken.

Ken de doelstelling van iedere taak

Dus wat kun je doen om je organisatie beter te doen draaien? Begin kleinschalig. Zelfs kleine opdrachten moeten worden uitgevoerd met een duidelijk begrepen doel voor ogen. Stel dus altijd het doel vast wanneer je een instructie van bovenaf krijgt of een verzoek van een collega. *Vraag om gegevens.* Je haast je misschien om een krant te halen omdat je baas je dat heeft opgedragen. En in plaats van je baas gewoon 'waarom?' te vragen (wat wellicht het antwoord oproept: 'Omdat ik het je gezegd heb!'), moet je ervoor zorgen dat hij het *doel* van je vraag leert appreciëren. Misschien kun je iets zeggen als: 'Natuurlijk, baas. En het zou wel helpen om de geschikte krant te vinden wanneer ik weet waarvoor u hem nodig hebt.' Zowel oorzaak als doel is belangrijk. Neem overeenkomstig, wanneer je een activiteit initieert, even de tijd om uit te leggen waarom je wilt dat iets gebeurt.
Wanneer je dat deel voor elkaar hebt, ben je er klaar voor grotere dingen aan te pakken. Er zijn ambitieuzere – en moeilijkere – benaderingen ontworpen om het begrip van de hele organisatie voor haar doelstelling te beïnvloeden.

Werk aan het verbeteren van de wezenlijke doelstelling van de organisatie

Er zijn meestal twee problemen: de wezenlijke inhoud van de doelstelling zelf kan tekortschieten, en de doelstelling kan gecreëerd zijn door een proces dat de collega's niet aanmoedigt om zich ermee te vereenzelvigen. We zullen nagaan hoe je beide problemen een voor een kunt aanpakken.

Vraag naar gegevens: ga na wat de achterliggende gedachte van de huidige doelstelling is. Als je bedrijf een oppervlakkige doelstelling heeft die de collega's niet motiveert, of een vage doelstelling die niet in concrete actie kan worden omgezet is de eerste stap meer gegevens te zoeken. Ga er niet van uit dat je alles wat je moet weten al weet. Het probleem kan liggen in het feit dat niemand erover heeft nagedacht hoe je een doelstelling of beginselverklaring bruikbaar kunt maken. Het kan

ook zo zijn dat alleen de ideeën van de leiders van de organisatie zijn verwoord. Er kan best een meer gedetailleerde doelstelling bestaan waar jij nog geen inzicht in hebt gehad. Er zijn misschien obstakels voor de formulering van een bruikbare doelstelling, waar jij niet van op de hoogte bent. Eerst moet je meer informatie zien in te winnen over het probleem. Die informatie is niet alleen voor je eigen gebruik. Als je je tot anderen richt om meer te weten te komen, verschaf hen dan ook de mogelijkheid om zelf aan het probleem te werken.
De jonge advocaat zou bijvoorbeeld alle drie de leidinggevende partners kunnen opzoeken om enkele vragen te stellen:

- 'Waar komt onze beginselverklaring vandaan? Wie heeft haar opgesteld?'
- 'Wat is de betekenis ervan?'
- 'Wat is weggelaten? Moet dat niet worden opgenomen?'
- 'Wat vinden jullie aantrekkelijk aan die visie?'
- 'Wanneer is zij geschapen? Hebben jullie iets geleerd dat je denkproces kan veranderen?'

Er zijn twee mogelijke uitkomsten voor deze serie vragen. Je krijgt bevredigende, inspirerende informatie over de bedrijfsdoelstelling, die je helpt om je inspanningen een bepaalde kant op te sturen. In dat geval hoef je deze informatie slechts aan anderen in het bedrijf door te geven. Of je vragen onthullen het ontbreken van een welgemeende, motiverende doelstelling. Dat wil niet zeggen dat je ermee moet stoppen vragen te stellen. Het betekent dat je vragen je baas moeten wijzen op bruikbare onderwerpen waarover hij kan nadenken, en dat jij hem de ruimte moet geven om na te denken voordat hij een antwoord geeft.
Dit is een situatie waar een lagere rang binnen de pikorde het gemakkelijker maakt om anderen te beïnvloeden. Niemand kan het jou kwalijk nemen dat je meer wilt weten over de doelstelling van de organisatie. En je vragen kunnen de leiding aansporen na te denken over precies dezelfde thema's die je zou aanbevelen voor de agenda van een vergadering die doelstellingen moet bepalen. Je kunt je vragen vormgeven op een manier zoals een onervaren persoon deze zaken uitgelegd

zou willen krijgen, in plaats van ze te presenteren als een uitdaging voor de deskundigheid van de mensen die de doelstelling hebben ontworpen. Het eerste waaraan je behoefte zult hebben is een flinke hoeveelheid tijd van iemand die hooggeplaatst genoeg is om een verschil uit te maken. Laten we terugkeren naar het voorbeeld van het advocatenkantoor. De partner kan bijvoorbeeld het volgende proberen:

> 'Goedendag, meneer. Ik vroeg me af of ik een afspraak met u kan maken om te praten over de doelstelling van ons bedrijf. Ik heb daar een paar vragen over, onder meer hoe ik ervoor kan zorgen dat mijn werk bijdraagt aan de realisatie ervan. Ik denk dat het ongeveer een halfuur tot een klein uur zal duren. Ik geloof dat ik onze doelstelling niet helemaal begrijp, en ik vind het bijzonder moeilijk om het jargon te ontcijferen dat sommige zakenmensen gebruiken. Als "een hoge mate van uitmuntendheid in de rechtspraktijk" onze hoogste visie is, wat willen we dan over vijf jaar bereikt hebben? Willen we bijvoorbeeld het aantal advocaten met dertig laten toenemen omdat we meer cliënten krijgen, of moeten we een groter aantal zaken winnen? Of moeten we een groter aantal zaken proberen binnen te halen?'

Als je je baas eenmaal hebt geholpen om een tastbaar doel te formuleren, kun je aandringen op meer nabije of verre doelen die daarmee op één lijn liggen. 'Goed, als dat ons doel over vijf jaar is, wat moet er dan voor het eind van dit jaar gebeuren?' 'Maar waarom zouden we dat willen? Waar brengt ons dat?' 'Ik probeer een doel dichterbij te bedenken dat ik in de tussentijd kan nastreven. Wat denkt u bijvoorbeeld van...' Hopelijk zal het resultaat een eerste ontwerp van een reeks doelstellingen zijn die op verschillende momenten in de toekomst moeten worden bereikt. Het hoeft niet volmaakt te zijn. In feite wil je zelfs niet dat het perfect is. Op dit moment delen alleen jouw baas en jij deze doelstelling. Er moet ruimte voor verandering zijn als je het resultaat van deze ontmoeting op een hoger plan wilt tillen. Je kunt beginnen met de vraag: 'Is het in orde als ik deze doelen opschrijf en aan anderen laat zien? Dat helpt waarschijnlijk ook andere jonge werknemers die de behoefte voelen de bedrijfsvisie vertaald te zien in eenvoudige, concrete resultaten. En misschien kunnen enkele andere senioren er dan nog iets aan toevoegen.' Je memo geeft misschien aanleiding tot een discussie door het hele bedrijf heen, terwijl je niets aanstootgevends hebt gedaan, behalve het stellen van vragen en het opschrijven van de antwoorden. In toevoeging op het prikkelen van anderen om na te denken over deze vragen, wil je je superieuren een boodschap sturen: 'Ik weet dat u meer over het bedrijf weet dan ik en ik wil van u leren.' Als je erin slaagt die boodschap door te geven, zullen maar weinig superieuren bezwaar koesteren.

Bied gegevens en een diagnose aan: leg je eigen reactie vast. Je eerste poging verloopt misschien niet zo soepel. Misschien maken de hogergeplaatsten geen tijd vrij voor jou, omdat ze het belang van je vragen niet inzien. Misschien snappen ze niet wat het probleem is: 'We hebben al gedaan wat die adviseur ons heeft aangeraden en een beginselverklaring opgesteld. Ze hangt beneden in de hal aan de muur. Daar is toch niets mis mee?'

Laat je niet al te snel ontmoedigen. Als jij vindt dat de beginselverklaring van het bedrijf niet inspirerend of behulpzaam genoeg is voor het nemen van beslissingen, zullen anderen waarschijnlijk ook dat gevoel hebben. Dat is een belangrijk signaal voor de bedrijfsleiding. Binnen de meeste bedrijven krijgen de hogergeplaatsten nooit te horen dat er iets ontbreekt aan de doelstellingen die zij hebben uitgevaardigd. Als je ze vertelt dat een doelstelling niet goed genoeg is, voelen ze zich aangevallen. Aangezien ze macht hebben, riskeren de meeste werknemers het niet hen tegen de haren in te strijken. Bovendien wordt loyaliteit aan de bedrijfsdoelstelling opgevat als een kenmerk van een trouwe, ijverige medewerker. Toegeven dat je je niet bij een bepaalde doelstelling betrokken voelt vereist een zekere durf.

Je kunt naar een van de senior partners toe gaan en een opmerking plaatsen als:

> 'Ik maak me er enigszins zorgen over hoe dit zal overkomen, want ik wil niet ontevreden lijken. Toch zal ik het zeggen. Ik

weet niet wat ik aan moet met de beginselverklaring die beneden in de hal hangt. Ik kijk ernaar en peins me suf hoe ik een bijdrage kan leveren. Ik denk niet dat ik precies begrijp wat "uitmuntendheid in de rechtspraktijk" wil zeggen. Ik weet niet welke praktische stappen ik moet zetten om zoiets voor ons bedrijf te realiseren. In mijn ogen is deze doelstelling nogal abstract. Aangezien ik niet weet wat ze betekent, helpt ze me niet wanneer ik een hele nacht doorwerk en me afvraag: "Waarom doe ik dit?"
Ik denk dat er ook anderen zijn die hier hetzelfde over denken. U kunt misschien meer werk uit ons halen, beter werk zelfs, als ons zou worden uitgelegd waar we naartoe werken.'

Het beste is je opmerkingen te plaatsen in het kader van het effect dat de beginselverklaring op jou heeft en in feite buiten beschouwing te laten of het een goede of slechte doelstelling is. De benadering is *de presentatie van informatie* dat de doelstelling geen motiverend effect op jou heeft, en het meedelen van een *diagnose* waarom dat zo is. Als je je diagnose meedeelt verklaart dat waarom je er niet door geïnspireerd wordt, terwijl het geen negatieve uitstraling op jou hoeft te hebben. Je richt de aandacht op de verbetering van de beginselverklaring in plaats van op jouw 'slechte houding'. Voor een oudere partner die zich afvraagt hoe hij jonge advocaten kan motiveren, kan een werkdiagnose een welkome opluchting zijn.

Geef aanwijzingen: maak van een vage visie tastbare doelen. Als je merkt dat vragen stellen niet werkt, of als je erop vertrouwt dat je bazen en collega's geen bezwaar hebben tegen een rechtstreeks advies van jou, kun je proberen een directe uitleg aan te bieden; niet over wat de doelstelling zou moeten zijn, maar over een bruikbaar formaat voor die doelstelling. In het geval van het advocatenkantoor was het grootste probleem waarmee het kantoor werd geconfronteerd niet het gebrek aan doelstellingen, maar de fundamenteel strijdige opvatting over wat de doelstelling moet zijn. Je kunt beter niet betrokken raken bij een gevecht over de wezenlijke inhoud van de doelstelling.
Je zou een van de drie oudste partners kunnen opzoeken:

Jij: Ik denk dat de problemen over de invulling van de werktijden van de advocaten meer dan alleen maar tactische geschillen zijn. Het lijkt alsof hier sprake is van verschillende visies over de fundamentele koers van het bedrijf. Komt je dat bekend voor?

Partner: Ja. Maar waar het in feite om draait, is ervoor te zorgen dat die lui ons meer mensen geven.

Jij: Misschien moeten we een plan opstellen over wat we binnen vijf jaar met het bedrijf hopen te bereiken in plaats van uit te zoeken of jij of Andy de eerst beschikbare partner krijgt toegewezen. Daarna zouden we kunnen terugredeneren tot een plan voor deze maand.

Partner: En wat voor plan had jij precies in gedachten?

Jij: Dat weet ik niet precies. Ik denk dat jij, Stan en Andy overal meer van af weten dan ik. Als je wilt kan ik als beginnetje een ontwerp op papier zetten, maar ik heb geen vastomlijnde ideeën over wat er in moet komen te staan.

Partner: Daarmee krijgen we niet het aantal te declareren uren omhoog.

Jij: Niet direct, nee. Maar in de loop van de tijd gaan de mensen misschien harder werken omdat ze een vast doel voor ogen hebben.

Partner: Misschien.

Jij: Hoe zouden we zoiets voor elkaar kunnen krijgen? Als we Stan en Andy vertellen dat we over onze langetermijndoelen willen nadenken, denken ze misschien dat het een kunstgreep is om jouw plan erdoor te drukken.

Partner: Tja, we zouden kunnen beginnen met...

In de praktijk leid ik de aan te bevelen *instructies* in met de *gegevens* (waargenomen moeilijkheden in de toewijzing van personeel) en de *diagnose* (verschillende visies op wat onze doelen moeten zijn) waarop ik mijn aanwijzingen baseer.

Geef een volgende stap aan: stel de agendapunten van een vergadering voor. De creatie van een reeks betere doelstellingen gaat niet vanzelf. Iemand moet een specifiek voorstel in elkaar zetten om dit voor elkaar te krijgen. Je kunt een specifiek actieplan overwegen om het proces in beweging te zetten. Om het risico in te perken dat een of meer van de drie leidinggevende partners negatief reageert op jouw vermetelheid een werkplan aan te bieden, kun je een ontwerpmemo voorbereiden en regelen dat daarover wordt gediscussieerd met enkele andere vooraanstaande partners die advies kunnen geven. Je kunt een ontwerp voorbereiden dat direct namens jou wordt verzonden en een variant die op naam van de vooraanstaande partner wordt gestuurd wanneer hij of zij dat een beter idee vindt. Dat ontwerp zou er zo kunnen uitzien:

> 'Een van onze jongere partners heeft mij ervan overtuigd dat sommige van onze huidige problemen een gevolg zijn van een gebrek aan duidelijkheid over onze langetermijndoelen voor het kantoor. Jullie drie zijn zo druk bezig met lopende zaken, dat ik ervan overtuigd ben dat jullie te weinig tijd hebben gehad om bij elkaar te komen en over langetermijndoelen te praten.
> Ik bied mij vrijwillig aan om een deel van die last te dragen. Zouden we wel een voorbereidende vergadering met ons vieren kunnen houden? Ik kan de discussie over wat wij over vijf jaar met ons kantoor bereikt wensen te hebben misschien wat toelichten. Hoe moet het kantoor er dan uitzien? Vervolgens, hoe ziet het er ongeveer halverwege uit? En wat willen jullie voor het eind van dit jaar met het kantoor hebben bereikt? Een kortetermijndoel als het ware, dat onze neuzen allemaal in de door jullie gewenste richting zet. Nadat ik jullie visie heb gehoord, zal ik proberen een ruw ontwerp te maken dat jullie in overweging kunnen nemen.
> Ik heb navraag gedaan bij jullie secretaresses en jullie zijn alle drie volgende week donderdag 's middags beschikbaar. Ik houd de vergaderruimte op de 39e verdieping vrij voor het geval jullie ook vinden dat deze discussie zinnig is.
> Ik verwacht natuurlijk niet dat één vergadering een duidelijk en acceptabel beeld zal opleveren van hoe het kantoor zich moet ontwikkelen, maar een persoonlijk gesprek tussen jullie over de resultaten die jullie in de toekomst hopen te bereiken, zal ongetwijfeld helpen onze doelen te verduidelijken. Op die manier wordt het hopelijk gemakkelijker onze huidige problemen op te lossen.

Als een van jullie mij liever alleen wenst te spreken, laat mij dat dan alstublieft weten. Ik doe gewoon een voorstel en bied mijn diensten aan.'

Het zal voor de drie senior partners zeker niet gemakkelijk zijn om het eens te worden over toekomstige doelen. Maar de kansen liggen een stuk hoger als zij het probleem expliciet aanpakken in plaats van zich ervoor te verstoppen. Het resultaat kan zelfs zijn dat het bedrijf besluit dat sommige mensen zich moeten afsplitsen om doelen na te streven die hen motiveren maar de anderen niet. Het is altijd beter dat die keus bewust wordt gemaakt in plaats van dat iemand boos wegloopt na frustrerende jaren te hebben doorgebracht binnen een organisatie die niet aan zijn doelstellingen voldeed.

Doe iets: stel een illustratieve reeks doelstellingen op. Het is misschien nuttig om een voorbeeld te geven voor een betere reeks doelstellingen. Je ontwerp kan altijd dienen als voorbeeld voor het soort doelen dat op jouw organisatie van toepassing kan zijn. Vraag niet om toestemming voor je ontwerp; stuur het liever naar een paar collega's en vraag hen om commentaar. Zij kunnen verbeteringen aanbrengen of iets totaal anders ontwikkelen.
Zelfs als je honderd procent zeker weet wat de doelstellingen van de organisatie zijn, moet je toch een ontwerp opstellen dat ruw en incompleet is. Laat anderen het genoegen smaken van de aanscherping en verbetering van een beginselverklaring. Als je ervoor kunt zorgen dat betere doelstellingen worden aangenomen zonder wrok, heb je een goede reden om tevreden te zijn.

Verbeter het proces door iedereen te betrekken bij het opstellen van nevendoelen

Vraag om gegevens: wil iedereen zich voldoende voor het doel inzetten? Je zult de leidinggevende krachten niet kunnen overtuigen van de noodzaak een proces te moeten opstarten dat de betrokkenheid van de werknemers vergroot, wanneer zij denken dat iedereen zich al voldoende inzet. Je kunt de aandacht van je baas op dat probleem vestigen en mogelijk ontdekken dat het helemaal geen probleem is.

Jij: Baas, vind je dat iedereen hier hard genoeg werkt? Is iedereen naar jouw mening voldoende toegewijd aan de doelstellingen van het bedrijf?

Bied een diagnose aan: de doelstelling van anderen motiveert mij minder dan mijn eigen doel. Een probleem bij de zoektocht naar gegevens is dat het verleidelijk is improductieve diagnoses te vinden voor problemen wat betreft de toewijding. Als we nadenken over mensen die zich onvoldoende inzetten, trekken we meestal de conclusie dat ze lui of ongeïnteresseerd zijn in plaats van na te gaan of er iets mis is met de van hen verlangde toewijding.

Baas: Nou, dat valt wel mee, maar ik veronderstel dat het altijd beter kan. Waar denk je aan?
Jij: Ik vraag me af of de mensen de doelstellingen waarmee wij werken als hun eigen doelstellingen beschouwen of iets dat van hogerhand is opgelegd.
Baas: Dat is inderdaad een goede vraag, maar wat kunnen we eraan doen? Het is prima als de doelstellingen van het bedrijf overeenstemmen met die van de mensen zelf, maar we kunnen de bedrijfsdoelen niet aanpassen aan die van de werknemers.
Jij: Ik snap wat je bedoelt. We moeten geen doelen kiezen omdat ze gemakkelijker voor de werknemers zijn. Tegelijkertijd is het zo dat zij de doelen meer als hun eigendom zien als ze een inbreng hebben in de verfijning en aanpassing ervan. De doelstellingen raken je eerder als je eraan heb meegewerkt ze op te stellen.
Baas: Maar hoe kunnen het dezelfde doelen zijn als jullie er allemaal aan moeten bijdragen?

Geef een aanwijzing: laat iedereen bijdragen aan het bepalen van de doelstellingen. Je baas weet wellicht een goed plan om iedereen in eigen persoon te betrekken bij het bepalen van de doelen. Als dat niet het geval is, kun je hem misschien een paar ideeën aan de hand doen.

Jij: We zouden een reeks doelen voor verschillende momenten kunnen opstellen. Jij kan de grote doelen voor ons uitzetten en daarna iedereen laten vertellen wat zij gaan doen om ervoor te zorgen dat die doelen worden bereikt.

Baas: Wat gebeurt er als iedereen voor zichzelf gemakkelijke doelen kiest?

Jij: Je kunt iedereen doelen laten voordragen die jij moet goedkeuren zonder je autoriteit op te geven. Je bent per slot van rekening de baas. Je laat ons gewoon de stappen uitwerken in de richting waarheen jij wilt dat wij gaan. Dat is toch een goed plan?

Als je een organisatie helpt een duidelijk doel vast te stellen dat neerkomt op tastbare resultaten op verschillende momenten in de toekomst, is dat geen onuitvoerbare toekomstdroom. Het zal helpen. Het zal problemen oplossen en als basis dienen om andere aan te pakken. Een goede beginselverklaring is als een hoeksteen die de hele constructie van samenwerking ondersteunt.

Als je een bijdrage kunt leveren aan de versterking van de doelstelling van je organisatie, heb je een goede prestatie geleverd en verdien je te worden gefeliciteerd. Als je team al een duidelijk geformuleerde, bruikbare doelstelling heeft, maak je dan geen zorgen. Het voor elkaar krijgen van dingen heeft nog voldoende andere kanten die ook aandacht verdienen.

4 *Denken*

Gebruik de kracht van het geordende denken

Soms heb je een duidelijke doelstelling, maar weet je niet precies hoe je die moet realiseren of kies je een benadering die niet effectief blijkt. Als dat het geval is, moet je aan het tweede element gaan werken: DENKEN.

Zelfs als we zelfstandig werken springen we in gedachten vaak van de hak op de tak, zonder onze ideeën op geordende wijze te ontwikkelen. Als mensen moeten samenwerken wordt deze verwarring nog groter. Ongeordend denken brengt de meeste schade toe wanneer daardoor een belangrijke zakelijke opdracht of taak wordt verstoord. Maar de chaos van gezamenlijk denken blijkt het meest wanneer we aan gewone dingen samenwerken, omdat we dan minder door de ernst van het probleem worden afgeleid. Neem bijvoorbeeld de organisatie van het kerstfeest op een kantoor. De discussie verloopt waarschijnlijk op 'sprinkhaanwijze', sprongsgewijs van onderwerp naar onderwerp:

'Zullen we dit jaar ook de partners uitnodigen?'
'En mensen die geen partner hebben dan?'
'Ik geloof dat verleden jaar in ieder geval mijnheer Jenkins heel erg dronken was.'
'Toen ik vertrok, had ik nog honger.'
'Iedereen wordt geacht iedereen van het kantoor te kennen, maar dat geldt niet voor de oudere werknemers.'
'Het zou geen kerstfeest moeten worden genoemd vanwege onze joodse collega's.'
'Ik weet nooit wie ik met voornaam kan noemen.'

'Het is iemand bij de voornaam noemen.'
'Kun je niet zeggen met voornaam?'
'Laat maar zitten.'
'Wanneer wordt het feest gehouden?'

Iedereen rond de tafel weet dat een dergelijk gesprekspatroon weinig oplevert. Toch blijft iedereen een rol spelen die ervoor zorgt dat het gesprek voort blijft gaan. In de meeste organisaties is het gevolg dat er tijd wordt verspild en dat er gebrekkige besluiten worden genomen.
Er bestaat geen antwoordenboek voor de situatie die jij en ik in ons dagelijks werk tegenkomen. Iedereen wordt iedere dag met nieuwe problemen geconfronteerd en moet nieuwe oplossingen bedenken. En als je met collega's samenwerkt hebben zij misschien informatie en ideeën die jou vooruit kunnen helpen. Je zult er weinig profijt van hebben als je hun gedachten negeert, hen onderbreekt of tijd besteedt aan irrelevante zaken. Twee hoofden kunnen samen meer dan een, maar alleen als ze zich op de een of andere manier op elkaar weten af te stemmen. Je eigen denken ordenen is moeilijk genoeg. De ordening van gezamenlijke denkarbeid is nog lastiger.
Voordat je kunt uitwerken hoe je het gezamenlijke denken kunt verbeteren moet je je eigen denkwijze verscherpen. Het eerste deel van dit hoofdstuk, dat je voorstelt een persoonlijke vaardigheid te ontwikkelen, begint met de feiten en besluit met wat je kunt doen. Het tweede deel gaat in op de visie hoe het is wanneer een groep mensen gezamenlijk deze vaardigheid toepast. Het laatste deel van het hoofdstuk stelt een aantal manieren voor waarop iemand individueel – jij – door lateraal leiderschap collega's naar deze visie kan voeren.

Ontwikkel ten eerste een persoonlijke vaardigheid: denk systematisch

Probleem: wanneer het denken lukraak geschiedt, kan een ingewikkelde taak onoverkomelijk lijken

Als je het moeilijk vindt om dingen gedaan te krijgen, komt dat vaak doordat je denken wanordelijk is. Het is dan moeilijk om vast te stellen waar je moet beginnen. Je gedachten cirkelen rond en vallen terug op oude gedachten. Je slaat belangrijke stappen over. Nadat je op een idee bent gekomen, vind je het lastig om andere te bedenken. Niet alleen haal je de verschillende categorieën van logische analyse door elkaar – planning, feiten, strategieën, de oorzaken van problemen –, maar je weet ook niet goed wat je met je denkwerk wilt bereiken. Een idee? Een evaluatie? Een besluit? En dit overkomt niet alleen jou. Het overkomt ons allemaal. Waarom is ons denken vaak zo stuurloos?

Op school hebben we vooral geleerd vragen te beantwoorden, maar niet hoe we moeten nadenken. De meesten onder ons hebben geen denkraam ontwikkeld voor geordende gedachten of de zinvolle beantwoording van vragen. Daardoor proberen we goede antwoorden te vinden zonder de juiste vragen te kennen. Wie zonder een reeks standaardvragen een krachtig denker probeert te zijn, is als een timmerman zonder hamer of zaag.

Voorschrift: gebruik een 'gereedschapskist' voor de bevordering van een heldere gedachtegang

Als je je denkwerk zo wilt ordenen dat je dingen voor elkaar kunt krijgen heb je eerst een raamwerk van grote vragen nodig, dat zorgt voor een logische opeenvolging. Binnen dat raamwerk heb je nog andere instrumenten nodig die een heldere gedachtegang bevorderen.

Een raamwerk voor systematisch denken: het cirkeldiagram

Als je actief bent in een organisatie, word je bedolven onder de problemen. Vanzelfsprekend ga je op zoek naar snelle, praktische oplossingen. Je neigt ernaar van het symptoom van een probleem – of het nu een daling in de opbrengst of een memo van je baas is – over te springen op een specifieke volgende stap. Anderen, met een zogenaamde academische geest, denken veeleer in abstracte begrippen. Zij analyseren de wereld aan de hand van een beschrijvende theorie. Ze ontwikkelen een voorschrijvende theorie die algemene richtlijnen voor de toekomst aan de hand doet. We kunnen concreet, specifiek denken onderscheiden van abstract, algemeen denken. Een ander belangrijk onderscheid is denken over het verleden of over de toekomst. Sommigen willen iets wat al bestaat begrijpen en uitleggen. Anderen zijn meer geïnteresseerd in wat voor toekomst we wensen en wat onze volgende stap moet zijn.

We kunnen deze onderscheiden weergeven door op een stuk papier een horizontale lijn te trekken. Conceptueel nadenken over oorzaken en algemene benaderingen staan boven de lijn, nadenken over specifieke, praktische gebeurtenissen aan de basis staan eronder. Verdeel het geheel nu ook door een verticale lijn. Het denken over het verleden tot aan het heden komt aan de linkerkant. Nadenken over de toekomst staat rechts. Het cirkeldiagram dat aldus ontstaat, verdeelt ons denken in vier elementaire categorieën:

- GEGEVENS: de feitelijke situatie of het probleem
- DIAGNOSE: een analyse van de oorzaken van het ontstaan van de situatie
- ADVIES: een of meer algemene benaderingen om deze oorzaken te boven te komen
- VOLGENDE STAP: specifieke stappen of plannen om een benadering uit te voeren

Als je zoveel mogelijk voor elkaar wilt krijgen, zijn alle vier soorten denkwerk van belang. Beperk je denken niet tot het eden of de toekomst. Probeer de theorie op de praktijk toe passen en gebruik de praktijk om de theorie te verbeteren. Deze categorieën zijn eenvoudig, bruikbaar en gemakkelijk te onthouden. Als je het cirkeldiagram gebruikt weet je altijd hoe je een probleem moet aanpakken, of het nu een uitdaging is in je eigen werk of het probleem om anderen effectiever met jou of onderling te laten samenwerken.

Het cirkeldiagram

Een raamwerk voor systematisch denken en enkele aanvullende instrumenten voor helder denken
(Begin linksonder)

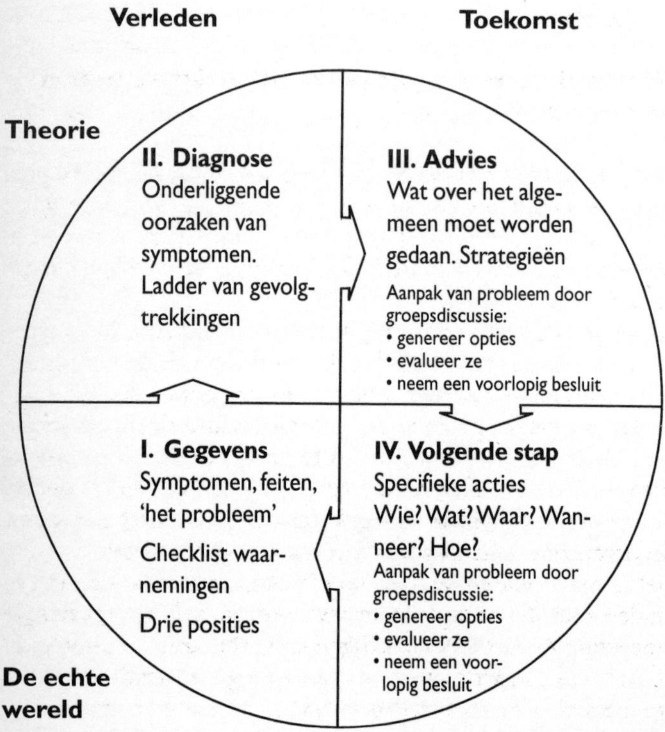

Het cirkeldiagram biedt een goed totaalbeeld aan de hand waarvan je verschillende soorten denkprocessen onderling kunt verbinden. Er zijn ook andere logische systemen mogelijk. Dit systeem heeft het voordeel dat het voldoende algemeen is en eenvoudig genoeg voor iedereen. Het kan worden gebruikt om je denken te ordenen en fundamentele plannen te ontwikkelen voor de aanpak van iedere taak en elk probleem. Elk soort denken kent zijn eigen uitdagingen. Dit hoofdstuk reikt ook enkele geschikte ideeën en instrumenten aan, die je bij verschillende soorten denkprocessen kunnen bijstaan. Ze staan binnen het betreffende kwadrant van het cirkeldiagram beschreven omdat het vaak gemakkelijker is je een aantal onderwerpen te herinneren die binnen een overkoepelende structuur zijn ondergebracht. Deze toegevoegde instrumenten kunnen op ieder moment binnen je denken van nut zijn.

Gegevens: zoek informatie die beslissingen nemen vergemakkelijkt

Wat je ook wilt volbrengen, de eerste stap is het probleem proberen te doorgronden. Je wilt een degelijke, feitelijke basis voor wat je moet doen. Welke feiten zijn relevant voor wat je probeert te bereiken? Welk probleem moet worden aangepakt?

De term 'probleemoplossing' kan misleidend zijn. Hij suggereert een situatie waarbij zowel het probleem als de 'oplossing' concreet en welomschreven is. De meeste problemen in het zakenleven en het openbaar bestuur zijn echter slecht omschreven. Onze productiekosten zijn te hoog. We halen onze verkoopdoelen niet. De samenwerking binnen de staf is slecht. Tieners onder invloed van alcohol stappen achter het stuur. Kinderen zijn ondervoed. Studenten zijn slecht opgeleid.

Het is maar zelden je doel om die ene, elegante oplossing te vinden zoals bij puzzels of kruiswoordraadsels het geval is. Je moet dingen voor elkaar krijgen en verbeteringen in de goede richting doorvoeren, zoals een verlaging van de kostprijs per eenheid, hogere verkoopcijfers, betere samenwerking, minder dronken tieners, betere voeding of een betere scholing.

De term 'probleem' veronderstelt als het ware een kapotte machine. Alles was 'in orde' totdat het probleem zich voordeed. Je kunt een probleem echter beter als een uitdaging of kans beschouwen. Je hebt bijvoorbeeld een productieve fabriek, maar je wilt nog betere resultaten bereiken. 'Probleem' betekent hier gewoon de kloof tussen de huidige situatie en de toekomstige situatie zoals jij die zou willen.
Wanneer je gegevens verzamelt en bestudeert, vervul je eenzelfde rol als de arts die een patiënt onderzoekt die zich niet goed voelt. De arts wil meer te weten komen. Wat zijn de symptomen? Waar doet het pijn? Heeft de patiënt hier al eerder last van gehad? Heeft hij onlangs iets ongewoons gedaan? Terwijl de arts de gegevens verzamelt, controleert hij ook de betrouwbaarheid van de waarnemingen van de patiënt (en die van hemzelf) en ordent de relevante informatie.

Er zijn te veel gegevens om te verwerken

We worden continu met informatie overspoeld. Er was al sprake van een 'informatie-overbelasting' vóór het tijdperk van de elektronische communicatie. Niemand kan er omheen dat we slechts een klein deel van alles om ons heen kunnen zien. Zo sprak een Amerikaan bijvoorbeeld met zijn vrouw af om op de Melbourne Cricket Ground een partijtje Australisch football te gaan bekijken. Toen zij niet op tijd was, besloot hij het stadion rond te lopen, waar ruim dertigduizend supporters bijeen waren. Na een tijdje door de menigte te hebben gelopen, besefte hij dat hij haar wel van een afstand had *gezien*, maar dat hij haar niet had kunnen *opmerken* temidden van alle mensen. Het probleem is niet dat we niet meer kunnen waarnemen, maar veeleer hoe we brokjes bruikbare informatie uit het grote geheel kunnen halen. Het is altijd mogelijk meer over je collega's en jouw activiteiten te weten te komen dan je feitelijk verwerken kunt. De cruciale taak is juist dat te selecteren waar je naar op zoek bent.
Iedereen heeft 'filters' voor de selectie van informatie die om aandacht vraagt. Als we niet bewust zo'n filter kiezen vallen we terug op onbewuste filters. Doorgaans beperken dergelij-

ke gebrekkige selectiemethodes de hoeveelheid bruikbare informatie die we ontvangen. Net als de behendige hand van een goochelaar leiden ze onze aandacht af van wat er werkelijk gebeurt.

Heb je een voorliefde voor levendige informatie? Allemaal besteden we onbewust meer aandacht aan een goed verhaal. Informatie die een gevoelige snaar raakt, slokt je aandacht op. Dorre feiten worden genegeerd. Terwijl je een bepaalde taak probeert uit te voeren merk je dat het bankroet van een concurrent je meer bezighoudt dan het verbeterde product dat door een andere concurrent op de markt wordt gebracht. Niemand heeft in zijn werk automatisch de beschikking over gedoseerde hoeveelheden belangrijke informatie.

Hecht je te veel belang aan meetbare informatie? De zin 'Het telt niet' geeft al aan dat informatie die je niet met aantallen kunt staven, onbelangrijk is. Het is nu eenmaal veel gemakkelijker informatie te beoordelen die tot één enkel bedrag of aantal gereduceerd kan worden. 'De verkoopcijfers liggen dit kwartaal 2 procent hoger.' Maar de werkelijkheid is niet altijd zo eenvoudig. 'Verscheidene klanten – ik weet niet hoeveel – hebben geklaagd over het feit dat we altijd zo traag op telefoontjes reageren.'

Denk je dat de dingen die je weet belangrijker zijn dan wat je niet weet? We stellen vaak de informatie die we hebben gelijk aan de informatie die onze beslissingen moet bepalen. Dit schept twee problemen. Allereerst nemen we aan dat de dingen die we niet weten, het ook niet waard zijn om te weten. We zoeken niet verder naar nieuwe informatie, terwijl er wellicht nog steeds interessante dingen zijn te vinden. Ten tweede denken we vaak dat de informatie waar we over beschikken mee moet wegen in onze beslissing. 'Als het waar is, is het relevant.' Er wordt jaren geruzied over wat er gisteren is gebeurd tegenover elke dag die aan de planning van morgen is besteed.

Raak je verstrikt in je eigen invalshoek? In Rusland luidt het gezegde dat iedereen naar de wereld kijkt vanaf de klokkentoren van zijn eigen dorp. We weten allemaal dat we geneigd zijn onszelf vriendelijker te beoordelen dan anderen. Je eigen bijdrage aan een succes weegt zwaarder voor jou dan de inbreng van collega's. Aan de andere kant zul je je eigen rol in een mislukking minimaliseren, zelfs tegenover jezelf. Doordat we ons concentreren op gegevens die ons in een gunstig en anderen in een minder gunstig daglicht stellen, verliezen we veel relevante informatie uit het oog.

Stuur je waarneming

Jezelf vertellen dat je beter moet waarnemen zal amper helpen. Je kunt heel veel tijd besteden aan waarnemen zonder enige garantie dat de gegevens die je verzamelt relevant zijn. Het is mogelijk je blik op bruikbare informatie te richten. Je kunt bewust de manier beïnvloeden waarop jouw brein gegevens verzamelt. Laten we terugkeren naar het voorbeeld van het potje Australisch football. Gefrustreerd, bijna wanhopig in zijn zoektocht naar zijn vrouw, herinnerde onze Amerikaan zich dat zij een opvallend, groen jack zou dragen. Hij doorzocht de menigte op zoek naar die specifieke kleur. Van de duizenden supporters bleven er nu nog maar enkele over voor nadere inspectie. Door zichzelf voor specifieke gegevens te sensibiliseren wist hij zijn vrouw snel eruit te halen. Een benadering om gegevens te verzamelen is een gevoeliger lens uitkiezen die ervoor zorgt dat er alleen belangrijke informatie overblijft. Net zoals je je geest gevoelig kunt maken voor een bepaalde kleur in een menigte, kun je hem sensibiliseren voor bepaalde onderwerpen.

Het gebruik van een lens kan riskant zijn. Als de vrouw die dag haar groene jack niet had gedragen, had de toepassing van deze lens de situatie verslechterd in plaats van verbeterd. We hebben een lens nodig die ons helpt belangrijke informatie – al dan niet levendig of kwantificeerbaar – te vinden, zonder de beperkingen die voortkomen uit onze opleiding of eerdere ervaringen. De lens mag ons echter niet beperken bij het verzamelen van relevante informatie, ook niet als de gezochte gegevens door de gebruikte lens minder goed uitkomen.

Welke gegevens zoek je? Gebruik een observatiechecklist

De specifieke gegevens waarvoor je jezelf gevoelig wilt maken, hangen van je taakstelling af. Je kunt het best een observatiechecklist opstellen, die je eraan helpt herinneren welk soort gegevens belangrijk zijn, welk soort gegevens je kunt tegenkomen en welk soort lens of filter je wenst te gebruiken om een selectie te maken uit alle beschikbare informatie.
We kunnen hier geen checklist geven voor jouw werk, maar we denken dat de volgende lijst je kan helpen na te gaan hoe jij en je collega's samenwerken:

Doelstelling

Hebben we een lijst met doelstellingen geformuleerd die op verschillende punten in de toekomst gerealiseerd moeten worden?

Denken

Gaan we op logische wijze van symptomen via diagnose naar planning?

Hebben we instrumenten waarmee we kunnen vaststellen hoe we samenwerken?

Toetsen we onze theorie aan de hand van de gegevens?

Proberen we in ons denkwerk dezelfde producten voort te brengen?

Leren

Evalueren we regelmatig onze ervaringen en leren we daarvan?

Laveren we snel van voorbereiding naar actie en evaluatie?

Betrokkenheid

Is voor iedere taak een eindverantwoordelijke aan te wijzen?

Heeft ieder groepslid een uitdagende verantwoordelijkheid?

Staan we open voor de ideeën van iedereen?

Feedback

Spreken we regelmatig onze waardering en steun uit?

Wisselen we speciale trainingen uit?

Hoe stimulerend en behulpzaam een checklist ook kan zijn, alle gegevens die je verzamelt, lijden er waarschijnlijk onder dat jij slechts één waarnemer bent, met de beperkte visie en tekortkomingen van ieder mens.

Hoe ontkom je aan je eigen vooroordelen? Probeer de drie posities uit

Je kunt aan je eigen vooringenomenheid een draai weten te geven, zelfs aan vooroordelen die je waarnemingsvermogen verstoren. Ten einde de voorkeuren uit eigenbelang te compenseren waarmee iedereen te maken heeft moet je belangrijke thema's vanuit drie gezichtspunten bekijken: jouw gezichtspunt, het gezichtspunt van de ander en dat van een derde, neutrale partij.

De eerste positie: 'ik'. Stel jezelf de vraag: Wat is mijn algemene indruk van de situatie? Hoe zie ik de zaken? Welke gegevens zijn voorhanden vanuit mijn eigen, persoonlijke gezichtspunt? Wat is in mijn ogen belangrijk?
In toevoeging op een blik naar buiten moet je ook een blik op jezelf werpen. Ben je emotioneel betrokken? Ben je boos, gefrustreerd? Heb je misschien te veel vertrouwen in jezelf, ben je egoïstisch of voel je je schuldig als je eerst voor jezelf zorgt? Wat voor meningen heb je diep in je hart? Bevatten die ook vooroordelen? Door welke professionele invalshoek of speciale belangen zul je bepaalde informatie over het hoofd zien en andere gegevens te veel gewicht geven? Bekijk je een bepaalde situatie door een filter of, om de metafoor door te zetten, een roze bril, een verrekijker of een microscoop? Je moet goed beseffen in welke mate jouw standpunt je waarneming van de gegevens kleurt.
Je hoeft je gezichtspunt niet los te laten of aan te nemen dat je de dingen verkeerd ziet. Sommige mensen lopen in de val hun eigen mening op te geven zodra ze beseffen dat andere standpunten ook hun waarde kunnen hebben. Het is niet nodig je eigen opvattingen te laten varen. Je moet echter wel erkennen dat je een partijdige blik hebt. Hoe meer je je bewust bent van je beperkingen, des te beter kun je waarnemen.

De tweede positie: 'zij'. De tweede taak is het perspectief van je collega's te overwegen. Je moet proberen jezelf in hun positie te verplaatsen en de situatie vanuit hun gezichtspunt te benaderen. Als je met veel mensen samenwerkt, moet je een of twee sleutelfiguren identificeren en naar het gezamenlijke project kijken zoals het op hen overkomt.
Verbeeld je dat jij die ander bent en dat je alle vragen stelt die je jezelf stelde toen je vanuit de eerste positie waarnam. Als je net als je baas denkt, waar maakt hij of zij zich dan druk over? Weet je wat de standaardbenadering van de leiding is? Wat zijn hun tekortkomingen of vooroordelen?
Als je rondkijkt vanuit de tweede positie, maak je op een constructieve wijze gebruik van inherente vooroordelen. Je hebt nog steeds te maken met een vooroordeel uit eigen belang, maar dat zal je in je ingebeelde rol vooruithelpen. Je concentreert je waarschijnlijk op gegevens die je baas beter doen uitkomen. Je neigt nog steeds naar bevestiging, maar het gaat nu om een zoektocht naar gegevens die het gezichtspunt van je baas bevestigen. Vanuit dit gezichtspunt bezet je een betere positie om de gegevens te observeren die belangrijk zijn voor je baas, gegevens die je anders misschien over het hoofd zou zien. Niet alleen ben je je bewust geworden van diverse aspecten van de situatie waarin jullie beiden verkeren, maar ook leer je iets anders: een betere inschatting van het standpunt van je baas.
Ongetwijfeld is het een stuk gemakkelijker om te zeggen 'kijk naar de dingen vanuit hun gezichtspunt' dan om het te doen. Maar er zijn enkele technieken die verrassend goed helpen het gezichtspunt van de ander beter te begrijpen.

Rollenwisseling

Je kunt bijvoorbeeld hetzelfde doen als een acteur en je inbeelden dat jij de ander bent. Probeer te denken en te praten als hij. Je kunt je laten ondervragen door een vriend of collega terwijl je de afwezige partij speelt. Je zou zelfs een gesprek kunnen naspelen, waarbij jij de afwezige partij speelt en je vriend jou nadoet op een voor jou typische manier.

Huidige waargenomen keuze

Een ander instrument gebruikt potlood en papier om een licht te werpen op de dingen zoals ze eruitzien vanuit de tweede positie. Verplaats jezelf in de schoenen van de andere partij en overweeg de beslissing die deze moet nemen om het met jou eens te worden, bijvoorbeeld: 'Moet ik het eens zijn met Bobs voorstel om de lokale managers meer autoriteit toe te kennen?' Som vervolgens in verschillende kolommen de mogelijke gevolgen op, zoals de andere partij dat zou zien, van een positieve en een negatieve reactie. Je zult waarschijnlijk ontdekken dat de andere partij goede redenen heeft om nee te zeggen. Als je eenmaal beter zicht hebt op zijn belangen bij dit voorstel, zal het gemakkelijker zijn een gereviseerd voorstel te schrijven dat aan die belangen tegemoet komt.

Deze methodes vereisen een bepaalde investering van tijd en gedachten, en het is niet altijd de moeite waard. Je kunt geen gedetailleerde analyse maken van iedere persoon met wie je te maken krijgt. Toch zijn er veel situaties waarin zo'n analyse de moeite loont. Je wilt misschien een blik werpen op het perspectief dat je baas – of een ondergeschikte – op jullie relatie heeft. Dat is ongetwijfeld nuttig wanneer je iets gedaan moet krijgen van iemand van een andere afdeling of uit een andere organisatie. De tijd nemen om tot een beter begrip van zijn standpunt te komen zal jou ongetwijfeld tijd besparen.

De derde positie: 'hoog in de tribunes'. Je zult ook informatie willen verzamelen die een perspectief biedt op de partijdige opvattingen van de betrokkenen. In toevoeging op de manier waarop een situatie overkomt op hen die er actief bij betrokken zijn, zul je willen weten hoe een buitenstaander er tegen aan kijkt. Om dit te bereiken moet je je voorstellen dat je vanaf het balkon naar een theatervoorstelling kijkt of de gunstige uitkijkpositie van een vlieg tegen de muur inneemt. Probeer objectief te zijn. Dat lukt ongetwijfeld niet, maar je komt wel dichter bij een onpartijdige visie. Zowel wij in dit boek als Bill Ury in *Getting Past No* gebruiken deze 'balkonscène' als een krachtige metafoor voor een stap terug doen en aan perspec-

tief winnen, een concept dat is ontwikkeld door Ronald Heifeitz, collega op Harvard, creatief denker en uitmuntend docent.
Een groot voetballer doet meer dan alleen 'de bal spelen'. Hij overziet het hele veld zoals het er van hoog in de tribunes uitziet. Hij heeft oog voor de verrichtingen en plannen van zijn medespelers en tegenstanders. Hij neemt 'het totale plaatje' in zich op. Wanneer je je 'hoog in de tribunes' kunt verplaatsen, heb je de mogelijkheid informatie te verwerken die je zou missen als je alleen maar op de bal let.
Deze technieken garanderen niet dat je alle relevante data zult waarnemen. Ze helpen je om je werk beter te doen. Gegevens verzamelen is echter niet voldoende. Je moet er zin aan weten te geven, de situatie zo kunnen uitleggen dat je kunt bepalen wat je moet doen.

Diagnose: doe een stapje terug en zoek naar oorzaken in plaats van op symptomen te reageren

Diagnose is een cruciale stap in probleemoplossing

Een goede diagnose opstellen is van groot belang, maar hoe drukker we het hebben, des te vaker doen we het niet. Wanneer we voor een praktisch probleem komen te staan hebben we de neiging met een praktische oplossing te reageren. Een schoolhoofd dat zich realiseert dat het merendeel van haar staf wekelijks te laat komt voor de lerarenvergadering, kan daarop reageren door de vergadering tien minuten later te plannen. Als een fabriek auto's met gebreken produceert, kan een manager meer personeel inzetten om het eindproduct te controleren. Deze reacties leveren al dan niet effect op. We kunnen daar niets over zeggen zolang we niets over de gewraakte situatie weten. Waardoor komt de staf steeds te laat? Wat veroorzaakt de defecten aan de auto's? Als we niet de tijd nemen om te onderzoeken welke factoren de gewraakte symptomen veroorzaken, zien we wellicht de beste strategieën om ze te bestrijden over het hoofd.
Het verschil dat een succesvolle diagnose uitmaakt, kan niet

worden overdreven. In 1994 trokken miljoenen vluchtelingen vanuit Ruanda naar het toenmalige Zaïre, waar zij in grote aantallen overleden. Goedbedoelende hulpverleners leverden een heroïsche inspanning om de lijdende mensen van voedsel te voorzien. Na een paar dagen stelden ze vast dat de oorzaak van de sterfte onder de Ruandese vluchtelingen niet uithongering maar cholera was. Ze schakelden toen vlug van voedselverstrekking over op de aanleg van kampementen en een goede watervoorziening, waardoor ze duizenden levens wisten te redden.

Een accurate diagnose leidt vaak tot een voorschrift dat tegen de intuïtie indruist. Neem dit voorbeeld: Stacy is een ingenieur bij een internationaal architectenbureau met vestigingen in tal van landen. Ze besteedt veel tijd aan vliegreizen naar vergaderingen in Europa. De vergaderingen verlopen traag en kosten te veel tijd. Gefrustreerd probeert Stacy het tempo op te drijven door zo weinig mogelijk te zeggen en haar standpunten kort en bondig uiteen te zetten. De Europese leden van het bureau lijken ontevreden. Ze fronsen hun voorhoofd wanneer zij het woord neemt en lijken op alles wat zij zegt zout te leggen. Een Amerikaanse collega vertelt haar: 'Zo zitten die Europeanen nu eenmaal in elkaar. Ze nemen overal de tijd voor.' Een diagnose is dat haar onvrede wordt veroorzaakt door cultuurverschillen. Een andere is dat de Franse en Duitse partners langzaam aan doen omdat zij honderd procent zeker willen weten dat zij alles hebben begrepen wat er tijdens de in het Engels gevoerde gesprekken wordt gezegd. In dat geval kan Stacy het tempo van de vergaderingen opvoeren door langzamer te spreken.

Zoek naar oorzaken waarop je invloed kunt uitoefenen. Als je een diagnose van een situatie wilt maken, moet je onthouden dat er twee verschillende soorten 'oorzaken' zijn: oorzaken waar je niets aan kunt doen en oorzaken die je kunt veranderen. Een arts vertelt een patiënt dat zijn levensverwachting minder is dan die van zijn vrouw en dat daar twee fundamentele oorzaken voor zijn: ten eerste dat hij als man en niet als vrouw is geboren; ten tweede dat hij rookt en zij niet. Hij kan niets aan de eerste oorzaak doen. Hij kan wel de tweede oorzaak beïnvloeden door te stoppen met roken. Het beste advies is: betreur niet wat je niet kunt veranderen en concentreer je op wat je wel kunt veranderen. Zoek naar diagnoses waarmee je uit de voeten kunt.

Hoe test je een diagnose? Gebruik de ladder van gevolgtrekkingen

Een diagnose moet op harde feiten gebaseerd zijn. Te vaak trekken we overhaaste conclusies. Anderen met wie je samenwerkt trekken andere conclusies. Je moet de relatie tussen de beschikbare gegevens en de interpretaties die je op grond daarvan uitbouwt, rigoureus testen.
Een van de gevaarlijkste geesteshoudingen is het uitsluiten van informatie die strijdig met onze mening is. Als we de krant lezen beleven we het meeste plezier aan artikelen die onze mening bevestigen. We hebben de neiging stukken over te slaan die lijken te suggereren dat we ons hebben vergist. Denk bijvoorbeeld aan kranten met een politieke opinie. We vermoeden allemaal dat de gemiddelde lezer van *De Telegraaf* eerder een rechtse conservatief is die ervan geniet opinies te lezen waar hij het mee eens is, dan een linkse progressief die probeert de dingen te begrijpen vanuit een andere invalshoek. De meeste mensen lezen de krant die hun ideeën bevestigt. Eenzelfde filter is werkzaam wanneer we ons op de werkvloer van een fabriek of kantoor bevinden. We zien wat we willen zien.
Zodra we eenmaal overhaast een slecht onderbouwde conclusie hebben getrokken, is het moeilijk terug te keren naar een meer solide basis. Slechts weinigen vinden het prettig om te moeten vaststellen dat ze een vergissing hebben gemaakt. De gemakkelijkste manier om dat onaangename gevoel te voorkomen is de informatie die niet in ons huidige denken past af te wijzen of te negeren.
Een goede gewoonte voor de omgang met verschillen tussen jouw conclusies en die van anderen is de relatie te beschrijven tussen de feiten die je hebt waargenomen en de conclusies die je hebt getrokken. Hierdoor kun je de verschillende schakels in je redenering zichtbaar maken voor jezelf en voor je collega's. Je kunt hiervoor een eenvoudig hulpmiddel gebruiken,

de LADDER VAN GEVOLGTREKKINGEN. Deze is opgesteld door de gedragswetenschappers Chris Argyris, Robert Putnam en Diana Smith. De ladder kan worden vereenvoudigd tot drie treden:

- CONCLUSIES bovenaan
- REDENERINGEN middenin
- GEGEVENS onderaan

Als je je redenering wilt testen of met anderen wilt delen begin je onder aan de ladder met de gegevens. In wezen ga je terug van diagnose in kwadrant II naar kwadrant I om na te gaan wat je feitelijk hebt waargenomen.

Gegevens. Gegevens zijn rechtstreeks observeerbare feiten – wat er is gezegd of gedaan – woorden die zijn gehoord, dingen die zijn gezien, gezichtsuitdrukkingen enzovoort. Natuurlijk halen we op ieder gegeven moment een eindige hoeveelheid gegevens uit een veel grotere vergaarbak. De volgende vragen kunnen onder andere worden gesteld:

- Op welke gegevens concentreer ik mij?
- Is er extra informatie beschikbaar die ik mogelijkerwijs zou willen hebben?
- Welke beschikbare informatie laat ik buiten beschouwing?

Je komt misschien op een andere conclusie uit wanneer je met andere gegevens begint.
Neem het volgende geval in overweging, waarin een chef jou en acht andere stafleden heeft opgedragen een twee uur durende 'mini-retraite' te houden op het kantoor tijdens de lunch van zaterdag. Een staflid hijgt: 'Zaterdag?' De chef antwoordt: 'Ja. Het is goed als we eens een keer bij elkaar komen zonder dat we door de dagelijkse beslommeringen worden onderbroken.' Iedereen doet er het zwijgen toe. Dit zijn de rechtstreeks waarneembare gegevens.

Redenering. Redeneren heeft te maken met de logica, deducties en gevolgtrekkingen waarmee we de gegevens beïnvloeden. We geven de gegevens opnieuw vorm tot een patroon of een verhaal. Het is belangrijk om te onthouden dat aan de hand van dezelfde gegevens vele verhalen kunnen worden verteld, net zoals dezelfde woorden opnieuw kunnen worden geschikt om nieuwe zinnen te maken.
Mensen die van dezelfde gegevens uitgaan, kunnen tot verschillende conclusies komen. In ons voorbeeld kan de chef er bijvoorbeeld van uitgaan dat iedereen die het met zijn ideeën oneens is dat ook zal zeggen. Zijn stafleden redeneren misschien echter dat een superieur tegenspreken geen goed idee is. Ze zullen een plan dat ze aanstaat van ganser harte bijvallen en een plan dat ze niet bevalt stilzwijgend accepteren.

Conclusies. Conclusies zijn de gevolgtrekkingen die we maken door de toepassing van onze redenering op de waargenomen gegevens. In ons voorbeeld besluit de chef dat alle negen stafleden, met de mogelijke uitzondering van één persoon, het met zijn voorstel eens zijn. En nu hij diens vraag heeft beantwoord lijkt ook het kritische staflid akkoord te gaan.
Iemand anders in de groep zou kunnen concluderen dat nie-

mand het met het voorstel eens is omdat niemand zich ervoor heeft uitgesproken; en aangezien de chef de oorverdovende stilte heeft opgemerkt waarmee zijn voorstel werd begroet, zal hij wel beseffen dat iedereen ertegen is.

In zo'n situatie kan iedere conclusie verkeerd zijn. Beide conclusies kunnen verkeerd zijn. Een goede manier om onenigheid over zulke 'feiten' op te lossen – in dit geval of de stafleden het wel of niet eens zijn met het voorstel van de chef – is via de LADDER VAN GEVOLGTREKKINGEN af te dalen naar de feitelijk waargenomen gegevens en vervolgens de redenering na te lopen die tot zulke afwijkende conclusies heeft geleid. Je moet terugkeren naar wat feitelijk is voorgevallen, wat er gezegd of gedaan is en hoe het gezegd of gedaan is.

De waarde van het aan een onderzoek onderwerpen van je redenering en de gegevens wordt geïllustreerd door het relaas van een bankier in Connecticut, die een chirurg om twee uur 's ochtends uit zijn bed belde. Hij vertelde de specialist, met wie hij al eerder te maken had gehad, dat zijn vrouw last had van een acute blindedarmontsteking. De bankier had ervaring met blindedarmontsteking en vroeg de specialist of hij direct naar het ziekenhuis kon komen. De arts luisterde naar de omschrijving van de symptomen van de vrouw van de bankier en raadde hem vervolgens aan haar een paar aspirientjes te geven en weer te gaan slapen. Hij was ervan overtuigd dat het geen blindedarmontsteking was. Toen de bankier hem naar zijn motivatie vroeg, verklaarde de arts: 'Ik heb de blindedarm van uw vrouw al zeven jaar geleden verwijderd en geen enkele vrouw heeft ooit een tweede blindedarm gehad.' De bankier legde vervolgens de reden voor zijn bezorgdheid uit: 'Inderdaad, dokter, maar sommige mannen hebben een tweede vrouw. Zien we u zo dadelijk in het ziekenhuis?'

De LADDER VAN GEVOLGTREKKINGEN kan worden gebruikt om de accuratesse van je diagnose van een probleem op het werk te verhogen. Wanneer je een voorlopige conclusie hebt, zoek dan verder naar gegevens die ervan afwijken. Zoek naar verschillende conclusies die dezelfde gegevens verklaren. Zodra je een conclusie hebt gevonden die tegen vraagstelling bestand is, kun je doorgaan.

Advies: bedenk creatieve benaderingen

Begrip is niet voldoende. Wanneer je volgens de kwadranten I en II denkt, kun je een goed idee krijgen van het hoe en waarom van de huidige situatie. Als je naar kwadrant III gaat, verplaats je je aandacht naar voren en ontwikkel je een of meer strategieën voor de toekomst. Hier denk je na over een algemene benadering om je diagnose aan te pakken. Je prescriptieve hypothese zal van de beschrijvende afhangen. Als je huidige hypothese luidt dat een patiënt hoofdpijn heeft ten gevolge van een gebrekkig gezichtsvermogen, dan is je strategie het voorschrijven van een bril. Als je diagnose luidt dat een gebrekkige opvoeding wordt veroorzaakt doordat er binnen gezinnen geen steun wordt gegeven bij het maken van huiswerk, zul je erover nadenken hoe je de ouderlijke ondersteuning bij het maken van huiswerk kunt verbeteren.
Denken in kwadrant III komt niet neer op gedetailleerd plannen. Het komt overeen met het bedenken van mogelijke strategieën, ze te evalueren en voorlopig een besluit te nemen. In deze fase contrasteer je behoeften met de beschikbare hulpmiddelen en bereid je in overeenstemming daarmee algemene plannen voor.

Verdeel denken in ontwikkelen, evalueren en beslissen

We kunnen drie verschillende *resultaten* van denkwerk onderscheiden, of het nu gaat om diagnoses, algemene strategieën of specifieke plannen.

Mogelijkheden
Creatieve ideeën worden voortgebracht door brainstormen ofwel je gedachten vrij rond laten zweven. Het doel is hier om een aantal ideeën te ontwikkelen, waarbij je eerder op variatie dan op kwaliteit let.

Evaluatie
De weging van de waarde van verschillende ideeën is een tamelijk afzonderlijk denkproces. Hierbij zal het resultaat argumenten voor en tegen een bepaald idee opleveren of een inschatting van de waarde ervan.

Besluiten

Een derde denkvorm is besluiten. Als je beslissingen neemt, formuleer je een mogelijke beslissing en ga je een verbintenis aan, althans voorlopig. Het product is een beslissing.

Overweeg veel opties voordat je kiest

Een stap die bijna altijd wordt overgeslagen is brainstormen, de fantasierijke creatie van mogelijkheden en opties voor verdere beraadslaging. Wie geen enkel idee over het hoofd wil zien, moet beschikken over een grote verscheidenheid aan mogelijkheden, waaronder talrijke opties die je later weer kunt verwerpen. Een dergelijke verbeelding wordt bemoeilijkt door traditionele denkwijzen en gezond verstand.

Pak eens een stuk papier. Schrijf de naam van de persoon op die jij het meest geschikt acht om te worden geëerd voor zijn bijdrage aan de wereld. Bedenk voordat je je antwoord opschrijft dat anderen over je schouder meekijken en dat jij later zult worden beoordeeld op de kwaliteit van je keuze.

Als alternatief kun je meer dan twintig namen opsommen van de mensen die *wellicht* goede kandidaten zijn. Neem die namen op die andere mensen – zoals een musicus, een activist, een rechter, een zakenman, een arts of een godsdienstig voorman – waarschijnlijk zouden vermelden. Je opdracht luidt nu een goede lijst op te stellen voor verdere overweging.

Welk proces geeft je het gevoel dat je vast komt te zitten? Welke benadering helpt je een verrassende, leerzame kandidaat voor te dragen?

Brainstormen over vakantieplannen, om een ander voorbeeld te geven, zal veel creatiever verlopen als je gevraagd wordt een aantal mogelijkheden voor te dragen in plaats van slechts een plaats aan te geven waar je volgend jaar het liefst naartoe wilt. Een voordeel van ideeën ontwikkelen en ze later evalueren is dat je gemakkelijker op ideeën zonder precedent komt. Zelfs wanneer we alleen maar nadenken aarzelen we vaak om een idee te formuleren dat anderen kunnen bekritiseren of hekelen. Wanneer de ontwikkeling van ideeën een afzonderlijke activiteit is, is het gemakkelijker om te ontspannen en een breed spectrum aan mogelijke opties te creëren die later kunnen worden beoordeeld. Als je weet dat er nog een mogelijkheid komt om te evalueren, zul je minder snel oordelen als je ideeën ontwikkelt. Door mensen afzonderlijk te laten nadenken – al is het maar voor een paar minuten – neemt het aantal ideeën en de deelname toe, en wordt het risico kleiner dat het eerste idee, waar het minst over is nagedacht, de discussie zal overheersen.

Een aantal jaren geleden raakte een goederenspoorbedrijf in grote financiële moeilijkheden. Wanhopig op zoek naar manieren om de prestaties te verbeteren nodigde de bedrijfsleiding vakbondsleden uit voor een retraite om te beslissen over een nieuw beleid dat het bedrijf moest redden.

Een van de besproken onderwerpen ging over een bepaling in de arbeidsovereenkomst, 'Maaltijden en pauze' geheten, die elke keer als erover werd onderhandeld voor veel ophef had gezorgd. Het spoorwegbedrijf vervoerde grote hoeveelheden grondstoffen en industrieproducten over de uitgestrekte lege vlaktes van Noord-Amerika. Decennia eerder had de vakbond het recht bevochten om de trein in steden te laten stoppen zodat de machinisten een warme maaltijd konden gaan halen. Dat was vooral belangrijk in de winter wanneer het werk op de trein koud was, en omdat de machinisten wisten dat in de eetzalen van de bedrijfsleiding goede chef-koks werkten. De bedrijfsleiding maakte zich zorgen dat de vertraging in de aflevering van de goederen, de kosten van stilstaand materieel en de onzekerheid of werknemers wel of niet stopten, het bedrijf ernstig benadeelde ten opzichte van de concurrentie die zonder deze voorziening werkte.

Ze besloten te brainstormen om op een paar nieuwe ideeën te komen. Het eerste idee werd voorgesteld door een vakbondsvertegenwoordiger en kwam erop neer dat het bedrijf de werknemers een vergoeding moest geven als ze van de maaltijd afzagen. De leidinggevenden protesteerden hier luidkeels tegen, maar de gespreksleider, ook een vakbondsman, herinnerde hen eraan dat tijdens de eerste fase van de ontwikkeling van ideeën geen kritiek was toegestaan. Vervolgens stelde iemand uit het managementteam voor dat machinisten vooruit konden bellen, zodat de maaltijd door iemand van het restaurant in een mand naar de trein kon worden gebracht. Een oud-machinist reageerde: 'Dan weet ik wel iets beters. Het duurt ontzettend lang om een kilometerslange trein tot stoppen te brengen en daarna weer op gang te krijgen. Waarom hang je die mand niet aan een haak zodat de machinisten er naar kunnen grijpen als de trein langsrijdt? We deden dat vroeger ook met de postzakken.' Iedereen was het erover eens dat dit een mooie, manmoedige manier was voor een machinist om aan zijn maaltje te komen. Vervolgens sprak de secretaris die tot zover de notulen had bijgehouden. 'Die locomotieven wekken veel stroom op, toch? Voldoende om een magnetron te laten werken? Daardoor krijgen ze ongetwijfeld een warme maaltijd.' In de jaren waarin slechts twee opties werden overwogen – het gebruik van 'Maaltijden en pauze' voortzetten of opheffen – had niemand gedacht aan de ontwikkeling van nieuwe technologie die aan de belangen van iedereen tegemoet kwam.

Draag een aantal keuzes voor en geef ze meer gestalte zodat je beter kunt beoordelen welk idee het meest zinvol is. Daarna kun je veelbelovende ideeën gaan uitwerken. Als je bij een idee op problemen stuit, kun je het terzijde leggen en je op andere ideeën richten. Wanneer je de resultaten van je brainstormsessie evalueert en afweegt, hoef je jezelf nog steeds niet ergens toe te verplichten. Leg gewoon de goede en slechte kanten van opties vast en vergelijk ze onderling.

Een derde afzonderlijke vorm van denken is beslissingen nemen. Beslissen is jezelf ergens aan toewijden, al is het alleen maar tegenover jezelf. 'Ik heb besloten die baan af te wijzen.' 'Wij hebben besloten deze zomer op vakantie te gaan in de bergen.' 'Ik heb besloten dat Jones de meest geschikte persoon voor die baan is en zij is degene die ik zal steunen.'

Beslissen gaat een stuk gemakkelijker als het deel uitmaakt van een systematische benadering. In plaats van een idee te moeten beoordelen ten opzichte van een universum van onbekende mogelijkheden, hoef je slechts naar de opties te kijken die je zelf hebt geschapen en daarvan de beste uit te kiezen. In plaats van een specifiek idee af te wegen tegen onbekende concurrenten kun je kiezen uit bekende grootheden. Beslissen is ook gemakkelijker als je weet dat je de mogelijkheid hebt om een beslissing na proefondervindelijke ervaring terug te draaien.

Volgende stap: maak van goede ideeën operationele plannen

Goed denkwerk leidt vaak tot niets. Goede beslissingen nemen is nog niet hetzelfde als ze uitvoeren. Alans vroegere werkgever en mentor Ralph Coverdale had de gewoonte erop te wijzen: 'Ook als ik heb besloten op te staan kan ik de hele dag in bed blijven liggen.' Veel briljante creatieve denkers krijgen dingen niet voor elkaar omdat ze nalaten goede ideeën in operationele plannen om te zetten. Denk aan de oude spreuk: 'De weg naar de hel is geplaveid met goede voornemens.' Je moet goede ideeën omzetten in volgende stappen, in iets wat je nu gaat doen.

Maak je ideeën operationeel. Het gewenste product van de denkarbeid in kwadrant IV is een reeks voorstellen die voldoende gedetailleerd zijn voor jou om te weten wat je moet doen. *Getting to YES* heeft gewezen op de voordelen wanneer je een voorstel 'ja-baar' maakt, ofwel zodanig formuleert dat anderen het gemakkelijk kunnen accepteren. In kwadrant IV streef je ernaar een voorgestelde strategie om te zetten in plannen die 'doenbaar' zijn. Een doenbaar plan is een reeks instructies die voldoende helder zijn om ervoor te zorgen dat ze zonder verdere vragen worden uitgevoerd en het gewenste resultaat opleveren.

Verhelder ten tweede de visie op de gezamenlijke toepassing van deze vaardigheid: wij denken allemaal systematisch 'synchroon'

Probleem: hoe meer mensen, des te erger het effect van ongeordend denken

Als je alleen woont en een huishouden van Jan Steen hebt, zul je waarschijnlijk minder efficiënt zijn in het voor elkaar krijgen van dingen in en rond het huis. Niettemin weet jij je weg door de rotzooi te vinden. Je weet dat die hoop op de vloer de beste plek is om je favoriete T-shirt te zoeken en je kunt ook je afstandsbediening terugvinden. Als je samenwoont en je huisgenoot is ook een sloddervos wordt het probleem groter. Jullie laten allebei dingen slingeren waar de ander last van heeft. Je huisgenoot begint een opruiming en legt spullen op zo'n manier weg dat je weken later nog aan het zoeken bent. Wanneer je voor jezelf werkt is chaotisch denken een obstakel. Wanneer je met anderen werkt kan het catastrofaal zijn. Desorganisatie kan in toenemende mate ontwrichten.

We denken allemaal lukraak of anders

Als we allemaal op dezelfde wijze onsystematisch zouden denken dan zou denkarbeid met meerdere mensen tegelijk de desorganisatie niet verergeren. Maar we hebben allemaal verschillende gewoontes en denkpatronen. Gewoonlijk hangen deze denkpatronen niet samen. Terwijl sommigen proberen te begrijpen wat er misgaat wil iemand anders overhaast een oplossing doorvoeren. We wijzen elkaar op gebreken in ieders goede ideeën in plaats van erop voort te bouwen. We zijn uitgesproken onduidelijk over wat de collectieve denkinspanning op zou moeten leveren. We lijden aan verwarring. Zelfs voor twee mensen kan het al moeilijk zijn hun gedachten te coördineren. Met een groter aantal betrokkenen produceren de willekeurig rondstuiterende denkprocessen willekeurige resultaten. Iedere vergadering kan ontaarden in een 'stierengevecht'. In plaats van elkaar te helpen lopen we elkaar voor de voeten.

Visie: we maken allemaal gebruik van hetzelfde eenvoudige patroon om onze gezamenlijke denkarbeid te ordenen

Twee hoofden zijn niet beter dan eentje wanneer ze elkaar hinderen. Systematisch denken kan ons helpen om meerdere hoofden effectief te laten samenwerken. Elke stap in het proces wordt verlicht en verrijkt door frisse ideeën, verschillende gezichtspunten en de wijsheid van verschillende ervaringen. Met een raamwerk als het cirkeldiagram in gedachten kun je

twee keer zo sterk naar voren treden. Je kunt al systematisch denken. En nu heb je ook nog een ontwerp hoe je het collectieve denken moet ordenen. Het cirkeldiagram biedt een raamwerk voor elk type vergadering, of je nu met één persoon of met meerdere personen samenwerkt. Het doel is 'synchroon' in de vier kwadranten te denken. En binnen de kwadranten kan een groep haar collectief denken verder verfijnen door tijdens de groepsdiscussie opties vast te leggen, deze te evalueren en beslissingen te nemen.
Gezamenlijk systematisch denken biedt een groep dezelfde voordelen als een individu. De extra verdiensten van systematisch denken worden duidelijk wanneer het in een groep wordt toegepast:

- De afleiding van veel stemmen zal er niet toe leiden dat we een essentiële stap in onze redenering overslaan. In plaats daarvan zijn de mensen als eenheid georganiseerd en gaan bewust te werk.
- Gezamenlijk systematisch denken biedt een eenvoudige taxonomie die kan worden gebruikt om ideeën te rangschikken voor later gebruik. Wanneer iemand een non sequitur uitroept hoeven we niet te kiezen tussen het verwerpen van het idee dat op tafel ligt of een nieuwe gedachte. We hebben een plek waar we het nieuwe idee kunnen onderbrengen en de verzekering dat het systeem ons erop terug zal voeren.
- Systematisch denken maakt onze redenering expliciet, zodat deze ter discussie kan worden gesteld en getest. Hierdoor kunnen we het gevaar van groepsdenken omzeilen, bijvoorbeeld dat alle groepsleden met een slecht idee akkoord gaan omdat ze denken dat de anderen het goed hebben overwogen, of uit angst dat ze oncollegiaal lijken als ze het ter discussie stellen.
- In plaats van unanimiteit te verkrijgen door meningsverschillen te elimineren, helpt systematisch denken ons vast te stellen *waarom* we van mening verschillen. Als we precies weten waar onze redeneringen uit elkaar lopen, kunnen we beide standpunten onderzoeken en voor de betere opvatting kiezen. Het cirkeldiagram brengt verschil-

lende gezichtspunten aan het licht en biedt een raamwerk dat de keuze voor een daarvan vergemakkelijkt.

We keren terug naar het voorbeeld van de collega's die een kantoorfeest voorbereiden. Zelfs in die eenvoudige situatie liggen alle valstrikken van wanordelijk denken op de loer, waardoor belangrijke zaken op een dwaalspoor kunnen raken. En een groep die gezamenlijk goed denkwerk levert zal grotendeels hetzelfde gedrag vertonen wanneer er wordt nagedacht over een eenvoudig feest of over manieren om een noodlijdend bedrijf te redden. Hoe zou het eruitzien als dezelfde groep mensen synchroon nadenkt?

Ann: Oké, laten we geen tijd verliezen zodat we weer snel aan het werk kunnen. Bill, wil jij onze notulist zijn en alles op het bord opschrijven?

Bill: Natuurlijk.

Ann: Laten we beginnen met wat gegevens uit kwadrant I over het feest van vorig jaar, die we in overweging moeten nemen. Hier is een eerste punt om op gang te komen. Ik heb toen een hoop mensen vroeg zien vertrekken. Het feest begon om vijf uur en anderhalf uur later was al meer dan de helft weg. Stemt dat overeen met wat jullie hebben gezien?

Bill: Ja, waardoor kwam dat? Was de drank op of zo?

Chris: Ik sprak met Samantha van de boekhouding, maar zij moest vroeg weg omdat haar man thuis zat te wachten.

Dale: Ik hoorde een paar mensen zeggen dat ze hun vriendjes of echtgenotes wilden meenemen.

Ann: Als er geen partners waren, wie waren dan al die mensen die ik niet herkende?

Chris: Die werken hier ook. Aan sommigen ben ik ooit al eens voorgesteld, maar ik kon me hun namen niet herinneren. Dat was nogal vervelend.

Bill: Wacht even tot ik dit heb opgeschreven: kende... hun... namen niet. Oké.

Dale: De drank was niet op, overigens. Volgens mij was er zelfs te veel. Dan Jenkins had hem flink zitten.

Ann: Waarom zeg je dat?

Dale: Hij sprak met een dubbele tong en kon nog maar nauwelijks overeind blijven staan.

Ann: Dat klinkt wel overtuigend. Waren er nog anderen die te veel op hadden?

Chris: Die heb ik niet gezien.

Bill: Oké. Laten we wat meer stof voor kwadrant I bedenken. Wat is er nog meer? Andere problemen?

Chris: Het zou eigenlijk geen kerstfeest moeten worden genoemd in verband met onze joodse collega's.

Ann: Ach, schiet op. Je stelt je aan.

Chris: Nee, dat vind ik niet. Dit is belangrijk.

Bill: Laten we uitzoeken waarom we van mening verschillen. Ik schrijf Chris' opmerking op als een voorschrift uit kwadrant III. Het klinkt aannemelijk, maar we verplichten ons nog nergens toe zonder dat we erover hebben nagedacht. Wat moet er in de andere kwadranten staan om hierop uit te komen? Ik denk dat de diagnose is dat sommigen zich buitengesloten voelen als een kantooraangelegenheid een godsdienstige naam heeft en zij geen deel uitmaken van die godsdienst, nietwaar?

Chris: Natuurlijk.

Bill: Hoe zit het met de data? Heb je iemand horen zeggen dat hij of zij zich beledigd voelde?

Chris: Niet echt.

Dale: Maar we weten evenmin of ze niet beledigd waren. Er zijn gegevens beschikbaar voor beide richtingen.

Bill: We kunnen links en rechts navraag doen om dat uit te zoeken. Als we er voorlopig van uitgaan dat Chris gelijk heeft, zijn er dan specifieke suggesties voor kwadrant IV wat betreft een naamswijziging?

Chris: Wat vinden jullie van 'feestdagenfeest'?

Bill: We hoeven het beestje niet per se een naam te geven. Geen naam dus.

Ann: Eindejaarsfeest?

Bill: Dat bevalt me wel, eindejaarsfeest. We kunnen zeggen dat we een succesvol jaar voor het bedrijf vieren en dat het feest een beloning voor goed werk is.

Ann: Heeft iemand bezwaren? Prima. Laten we het voorlopig een eindejaarsfeest noemen. We kunnen een memo rondsturen en afwachten of iemand bezwaren heeft. Laten we weer naar de symptomen kijken. Iemand was dronken. Hoe kwam dat? Is hij altijd zo of was er niet genoeg te eten?

Enzovoort.

Als groep hoeven we de vier kwadranten niet in een keurslijf, van begin tot eind, te volgen. Wanneer we verschillende onderwerpen aanpakken, kunnen we voor ieder onderwerp apart gegevens opsommen, dan overstappen op een diagnose enzovoort. We kunnen ieder probleem afzonderlijk aanpakken door eerst mogelijke stappen te behandelen en dan over te gaan op aanwijzingen voor wat er moet gebeuren. We kunnen met een voorschrift beginnen en teruggaan naar een diagnose en de gegevens die het ondersteunen. Of we kunnen al deze benaderingen combineren. Het belangrijkste is dat we voor ieder onderwerp onze gedachten in ieder kwadrant formuleren, of dat we vaststellen waar we open ruimtes hebben die moeten worden ingevuld.

Op de volgende bladzijde staat de weergave van de stand van zaken in de vergadering, zoals die op het bord is opgeschreven. Een goed doel voor de weergave van systematisch denken is een verslag te maken waardoor iedereen die halverwege in de vergadering komt binnenlopen, kan begrijpen wat de groep tot dusver heeft bedacht. Degenen die te laat komen hebben echter niet het grootste voordeel. Iedereen kan controleren wat we hebben bereikt en kan ons weer op het goede spoor brengen als we afgeleid zijn door privé-gedachten of het geroezemoes van veel stemmen.

Synchroon denken zal er niet toe leiden dat we allemaal dezelfde ideeën hebben, laat staan dat we tot een overeenkomst komen. Het helpt ons begrijpen waarover we van mening verschillen en waarom; een eerste, cruciale stap om tot een overeenstemming te komen over wat we moeten ondernemen. Het moet ertoe bijdragen dat onze discussies voorspoediger verlopen, net zoals verkeerslichten voor een snellere doorstroming van het verkeer zorgen.

I **Gegevens**	II **Diagnose**	III **Advies**	IV **Volgende stap**
Veel mensen gingen vroeg weg	Te weinig hapjes? Moest naar partner toe?	Partners uitnodigen?	
<u>In verlegenheid gebracht</u>	<u>Kende geen namen</u>		
Minstens één persoon dronk te veel			
Nog geen gegevens	Sommigen beledigd door aparte godsdienstige naam van feest?	Naam veranderen in iets algemeners	Feestdagenfeest? Geen naam? <u>Eindejaarsfeest</u>

Geef vervolgens leiding: stimuleer anderen om systematisch te denken

Als je deel uitmaakt van een groep die aan een probleem werkt, kun je twee doelstellingen in gedachten houden die parallel aan elkaar zijn. De eerste doelstelling is ons te helpen goed werk te verrichten met betrekking tot het betreffende probleem. De andere is de kwaliteit van het collectieve denken in de toekomst verbeteren. Jouw idee van goed systematisch denken kan dienen als het doel waar je je collega's naartoe wilt leiden. De uitdaging is groot. Als je slaagt, zullen de voordelen ook groot zijn.

Bestudeer het volgende voorbeeld:

Een aantal decennia geleden begon een klein Brits bedrijf als eerste op grote schaal keramische elektronische componenten te fabriceren. Het bedrijf bouwde in de bedrijfstak de reputatie op dat het de hoogste kwaliteitsnormen aanhield, veel zorg besteedde aan de juiste menging van grondstoffen, de temperatuur van de ovens en de vereiste stooktijd. Jarenlang hield het bedrijf dezelfde procedures aan en bloeide.

Plotseling, binnen een periode van enkele maanden, kreeg het bedrijf het zwaar te verduren. Het aantal bestellingen van klanten daalde snel. Het management probeerde vertwijfeld uit te vinden wat er mis was. Een vergadering verliep ongeveer als volgt:

Bedrijfsleider: Ik maakte me er al zorgen over dat dit ging gebeuren. Vroeg of laat moest de productiestaf wel lui worden en de productieprotocollen links gaan laten liggen. We moeten meer hulpmiddelen inzetten om ervoor te zorgen dat we aan de productienormen voldoen.

Productiemanager: In orde, ik zal het proberen, maar... Tja, ik vraag me af of we niet moeten overwegen of onze prijs de kern van het probleem is. We betalen natuurlijk erg veel aan arbeidsloon.

Financieel directeur: Daar ben ik het mee eens. Ik denk dat we veel te coulant zijn tegenover de vakbond. Kunnen we de arbeidsovereenkomst niet openbreken?

Bedrijfsleider: Het is een overeenkomst voor drie jaar. Zoveel tijd hebben we niet.

Marketingman: Met alle respect, maar het probleem ligt niet bij de productie. Andere bedrijven hebben grotere marketingbudgets. Zij hebben meer verkopers om op klanten af te sturen. Daarom pikken zij ons marktaandeel in. We moeten onze marketingstaf uitbreiden.

Hoofd technische dienst: Misschien moeten we niet meer in deze activiteit investeren als de marges minder worden. We moeten zien te redden wat te redden valt en uitbreiden op andere gebieden. Dit soort technologie is bijna al weer verleden tijd. De klanten stappen waarschijnlijk over op andere soorten componenten. We moeten verschillende andere producten overwegen.

Bedrijfsleider: Ik heb jullie meningen aangehoord en nu wil ik dat jullie mijn beslissing ondersteunen. We gaan ervoor zorgen dat onze producten het marktaandeel terugwinnen dat we altijd hebben gehad, door de strengste productienormen in deze bedrijfstak aan te houden. Ik wil aanstaande maandag een plan op mijn bureau hebben hoe we ervoor kunnen zorgen dat onze productieprocessen strak verlopen.

Stel je voor dat je een assistent bent van het hoofd van de technische dienst en dat je chef je heeft meegenomen naar deze vergadering. Hoe zou jij proberen om het groepsdenken beter te laten verlopen? Leg dit boek even neer en denk na. Wat zou jij zeggen?

Het is moeilijk om anderen over denken na te laten denken

Anderen hun gedrag laten veranderen is altijd moeilijk. En collega's overhalen nieuwe procedures aan te nemen voor het gezamenlijke denken biedt een speciale uitdaging. De weerstand die je oproept door mensen te vertellen wat ze moeten doen wordt acuut wanneer je de kwaliteit van hun denken ter sprake brengt. 'Jouw denken kan worden verbeterd' klinkt te veel als 'Je bent dom' of 'Je bent gek'.

Wanneer mensen met een flink probleem worden geconfronteerd slokt dat al hun aandacht op. Het is moeilijk om ze dan een stap terug te laten doen en ze de *manier* waarop ze het probleem benaderen te laten observeren in plaats van het probleem zelf. Bovendien kan de cirkelnatuur van nadenken over denken je verstrikken. Als je mensen probeert na te laten denken over de manier waarop ze gezamenlijk denken levert dat bijna vanzelfsprekend verwarring op. Stel je voor dat je op de vergadering van het elektronicabedrijf tussenbeide kwam door je superieuren aan te sporen hun denkmethodes te onderzoeken:

Marketingman: ... daarom pikken zij ons marktaandeel in. We moeten onze marketingstaf uitbreiden.
Jij: Met alle respect, maar we denken nogal chaotisch hier. Wat we moeten doen, is systematisch denken van gegevens naar diagnose naar advie...
Bedrijfsleider: Waar heb jij het in godsnaam over?
Jij: Wel, baas, wat ik bedoel te zeggen is dat het eerste probleem de *manier* is hoe we over dat verloren marktaandeel denken. We springen van het ene idee op het andere zonder dat er maar een idee dieper wordt uitgespit. Luister, laten we systematisch nadenken over ons denkproces. Welke data neem je waar met betrekking tot de manier waarop we praten over de info over het onderhavige probleem?
Hoofd technische dienst: Wat bedoel je in 's hemelsnaam? Heb je een of ander managementboek gelezen?
Jij: We moeten het probleem diagnosticeren voordat we beslissen wat er gedaan kan worden.
Financieel directeur: Als we even terugkomen op de kwestie van de salarisschaal van de vakbond...

Het is lastig om je collega's met abstracte theorieën te overtuigen. En onderling gegevens delen over de manier waarop we spreken is ook niet gemakkelijk.

Denk zelf systematisch

In plaats van een geïmproviseerd werkcollege over systematisch denken te geven, moet je proberen vast te stellen wat *jij* kunt doen. Begin met de eenvoudigste diagnose: je collega's zijn niet vertrouwd met enige vorm van geordend denken en hebben geen idee van de voordelen die het kan opleveren. Enkele mogelijke manieren om met die diagnose uit de voeten te kunnen zijn:

- We zouden misschien specifieke trainingen in systematisch denken moeten krijgen.
- De baas zou de collega's een boek over systematisch denken moeten geven en hun vertellen dat ze het moeten lezen.
- Een superieur zou een duidelijke richtlijn kunnen bepalen, waarin ondergeschikten wordt opgedragen systematisch te denken.

Of

- Tijdens onze discussie kan iemand een vraag of commentaar in de groep gooien om een bepaalde stap te stimuleren in het systematisch denken over een reëel onderwerp dat we proberen te tackelen.

Aangezien je de laatste strategie ook zelf kunt toepassen zonder dat je van iemand afhankelijk bent, is het een goede eerste stap.

Stimuleer het gezamenlijk gebruik van instrumenten

De gemakkelijkste manier om een groep met systematisch denken kennis te laten maken is dat je een koers uitzet voor een geordende discussie over het probleem dat zij probeert aan te pakken. Systematisch denken is zo handig dat de meesten het nut er snel van inzien.

Ooit werd een jonge rechtenstudent uitgenodigd om problemen in het Boston Housing Court met een groep advocaten te komen bespreken. Hij besprak het probleem eenvoudig aan de hand van een cirkeldiagramanalyse, en de groep ontwierp daarna een plan om de wetgeving op bepaalde punten te wijzigen. Aan het eind van de bijeenkomst zei de voorzitster: 'Bedankt voor je hulp bij deze kwestie. Heb je overigens schrifte-

lijk materiaal over dat diagram dat je hebt gebruikt?'
Als je jezelf beperkt tot het systematisch stellen van relevante vragen, kan je positie in de hiërarchie een voordeel zijn in plaats van een handicap. Je hebt dan niet de status om anderen te vertellen wat ze moeten doen, maar je mag ongetwijfeld proberen iets te leren van de oudere en wijzere hoofden om je heen.

Vraag om gegevens. Wanneer je denkt dat je collega's geen belangrijke gegevens over de situatie verzamelen, vraag ze dan of ze je een beeld van de situatie kunnen geven.

Marketingman: ... daarom pikken zij ons marktaandeel in. We moeten onze marketingstaf uitbreiden.
Jij: Excuseer, maar ik ben bang dat ik te weinig ervaring heb om te kunnen volgen wat jullie zeggen. Wat hebben de klanten precies als reden opgegeven dat ze niet meer bij ons bestellen?
Bedrijfsleider: Nou? Wie heeft er met klanten gesproken?
Marketingman: Ik zal wat vrienden bij klanten bellen zodra we hier klaar zijn.
Jij: Ik zou ook willen weten of ze nog steeds ons soort elektroden kopen en zo ja, bij wie.
Marketingman: Precies. Als ze die dingen nu elders betrekken, moeten we weten voor hoeveel. Onze concurrenten betalen misschien minder aan arbeidskosten als wij.
Jij: Is er nog iets anders dat we moeten weten en dat ik kan proberen uit te vinden?

Vraag naar een diagnose. Wanneer je anderen vraagt of ze jou willen voorlichten, bekritiseer je ze niet eens impliciet voor het feit dat ze de antwoorden misschien niet weten. En als je vrijwillig aanbiedt extra informatie te gaan zoeken, bied je een deel van de oplossing aan in plaats van slechts het probleem aan te stippen. Je moet ervoor zorgen dat de anderen een goede vraag niet naast zich neerleggen omdat het te moeilijk is om een antwoord te bedenken. Het is gemakkelijker anderen aan te zetten een probleem te diagnosticeren in plaats van overhaast een oplossing proberen te bedenken.

Marketingman: Nou, ik heb Ian Sturrock in Glasgow gebeld en hij vertelt me dat ze hun elektroden tegenwoordig goedkoper bij een Amerikaans bedrijf kunnen krijgen.

Jij: Ik snap niet hoe die minder kunnen vragen. Wat zouden zij anders doen?

Financieel directeur: Ze moeten goedkopere arbeidskrachten hebben. We moeten de vakbond benaderen en om concessies vragen...

Jij: Dat *is* een mogelijke verklaring. Maar het hoeft niet de enige te zijn. Ik veronderstel dat ze ook andere dingen anders doen.

Financieel directeur: Wat bijvoorbeeld?

Jij: Ik weet het niet. Hoeveel minder vragen ze?

Marketingman: Minder dan de helft van wat wij vragen.

Productiemanager: Onze arbeidskosten maken slechts 35 procent van de prijs van het product uit.

Financieel directeur: Misschien kunnen zij hun grondstoffen goedkoper krijgen.

Productiedirecteur: En wat als zij een manier hebben gevonden om de kwaliteit van hun product goedkoper te controleren?

Je hoeft zelf geen antwoorden te weten om een onderwerp op tafel te krijgen. Diagnose is een cruciale stap. Het bedrijf uit het voorbeeld ontdekte dat de Amerikaanse concurrent een veel minder strenge controle uitoefende op het productieproces, waardoor hun productielijn veel goedkoper kon werken. Klanten stelden vast dat de Amerikaanse elektroden even goed werkten.

In veel gevallen geeft een accurate diagnose ook rechtstreeks een betere benadering aan. Het bedrijf besloot minder te besteden aan het toezicht op het productieproces. Toch kunnen er nog veel vragen open blijven staan. Ideeën omzetten in praktische volgende stappen is misschien het allerbelangrijkste aspect van de invoering van veranderingen. Mensen vergaderen, discussiëren, brainstormen en evalueren de ideeën die ze ontwikkelen, maar ze verlaten toch vaak een vergadering zonder een duidelijk idee wanneer de volgende vergade-

ring is gepland, wat er dan gedaan moet zijn en wie dat gaat doen. Waarop kunnen we veilig bezuinigen: de controle op de juiste temperatuur, de kosten van grondstoffen?
Als de crisis is bezworen, kun je anderen aanmoedigen na te denken over hoe dit probleem zich in de eerste plaats heeft kunnen voordoen. Wederom hoef je alleen maar vragen te stellen. Wat ging er mis in ons denken waardoor we veel meer investeerden dan nodig was voor de handhaving van de productienorm? Hoe komt het dat we niet in het begin al een wijzer besluit hebben genomen?
Je kunt een groep helpen systematisch over een acuut probleem na te denken en bovendien ervoor zorgen dat de voordelen van systematisch denken zich direct verspreiden, door een paar sleutelbegrippen op een bord te zetten terwijl je vragen stelt over volgende stappen. Een voorbeeld:

GEGEVENS	DIAGNOSE	ADVIES	VOLGENDE STAP
(Symptomen)	(Mogelijke oorzaken)	(Mogelijke benaderingen)	(Wat moet er nu worden gedaan?)

'Voordat deze vergadering eindigt wil ik vaststellen wat de dingen zijn waarnaar we moeten kijken voordat we weer bij elkaar komen.'
Geordend denken kan een grote hulp zijn. Het kan helpen bij je eigen werkzaamheden. Het kan ook helpen om de samenwerking te verbeteren, zowel als visie op het gezamenlijke denken over waar we naartoe willen werken, als een richtlijn voor hoe we die visie het best kunnen bereiken.

5 Leren

Integreer denken en doen

Geen hoeveelheid denken is ooit voldoende. Je kunt je denkvermogen verhogen, maar hoe systematisch of gericht je dat ook doet, het zal nooit perfect worden. Wanneer we denken, scheppen we vereenvoudigde voorstellingen van de wereld; daardoor kunnen we die beter begrijpen of ons een nieuwe werkelijkheid voorstellen. Deze vereenvoudigde voorstellingen zijn incompleet. Er zullen altijd belangrijke dingen zijn waar jij geen weet van hebt, en het is onmogelijk om te voorspellen waar de hiaten in je voorstellingsvermogen zullen zitten. Je kan niet weten hoeveel je niet weet.

Daarom bestaat er altijd behoefte om te leren. Je moet je denken testen. Je moet je voorspellingen vergelijken met wat er werkelijk is gebeurd. Het gaat er niet om vast te stellen of je denken gebreken vertoonde – wees ervan overtuigd dat dat altijd het geval is – maar hoe en waar. Als je dingen voor elkaar wilt krijgen, moet je meer zien uit te vinden over de taak waaraan je gaat werken. Het derde wezenlijke element van dingen voor elkaar krijgen is LEREN ofwel je denken verbeteren door het in de praktijk te testen. De basisvaardigheid hierbij is de integratie van denken en doen.

Waarom is dat moeilijk? De manier waarop je van je werk moet leren is niet dezelfde als de manier waarop de meeste mensen op school hebben geleerd. Op school leerden we feiten, formules en theorieën. We leerden eigenlijk nauwelijks hoe we iets moesten *doen*. En leren hoe je iets moet doen, verschilt nogal van leren *over* dingen. Verder kwam voor de meesten onder ons het onderwijs neer op het leren, of op zijn

best herscheppen van dingen die andere mensen al hadden bedacht. Tenzij ze zelf een proefschrift hebben moeten schrijven, hebben veel studenten nooit nieuwe oplossingen hoeven zoeken voor nieuwe problemen.
Om anderen te kunnen helpen gezamenlijk iets van ons werk te leren, dien je eerst de gewoonte te ontwikkelen om zelf uit alles wat je doet lering te trekken, ook wanneer je alleen werkt. Beter worden in leren begint met een beter begrip van wat je daarin nu tegenhoudt.

Ontwikkel ten eerste een persoonlijke vaardigheid: blijf leren van wat je doet

Probleem: plannen zijn gebaseerd op verkeerde veronderstellingen, daden op verkeerde plannen

Net zoals sommige mensen handelen zonder voldoende systematisch te hebben nagedacht zijn er momenten waarop we denken zonder voldoende actie te ondernemen. Er zijn momenten dat we overbezorgd zijn dat onze plannen 'goed' moeten zijn voordat we ze uitvoeren. Auteurs hebben de neiging te blijven schaven aan een eerste opzet voordat ze de definitieve tekst op papier zetten. (Terwijl we een boek schrijven over dingen voor elkaar krijgen, riskeren we adviezen op te schrijven voordat we ze persoonlijk in praktijk hebben gebracht.)
We hebben allemaal de neiging informatie te blijven verzamelen en ideeën te ontwikkelen, ook al hebben we al lang voldoende goede ideeën om uit te proberen. Of we besteden meer tijd aan het speculeren over de waarde van twee verschillende manieren van aanpak dan het kost om eentje daarvan uit te voeren.
Tegen de tijd dat je er klaar voor bent om actie te ondernemen, kan het al te laat zijn. Iemand anders heeft al een vergelijkbaar boek gepubliceerd; de aandelenkoersen zijn gestegen of gedaald; het huis is al verkocht; de vacature is vervuld.
Het ergste aspect van uitstel is echter niet het missen van een gunstige gelegenheid. Uitstel beïnvloedt de kwaliteit van het

werk nadelig, omdat je geen kans meer hebt om te leren hoe je je werk kunt verbeteren voordat het werk is afgerond. Soms baseren we onze plannen op feitelijke veronderstellingen en komen er dan achter dat we ons hebben vergist. Hoewel onze kansen dan nog niet helemaal verkeken zijn, is al het werk tot zover voor niets geweest.

Een Europese vluchteling kwam in 1947 naar de Verenigde Staten. Hij was een welgesteld industrieel geweest en wilde het laatste restje van zijn fortuin gebruiken om een bedrijf te beginnen dat hij aan zijn kinderen kon nalaten. Als expert in industriële stoffen besloot hij een soort lijm te ontwikkelen die kon worden gebruikt als andere lijmsoorten geen effect hadden. Na jaren van onderzoek en werk ontwikkelde hij de lijm met de kenmerken die hij voor ogen had. De lijm was gemakkelijk te gebruiken, droogde snel, was waterbestendig en ongevoelig voor elektriciteit. Zodra hij de formule had uitgewerkt, begon hij met massaproductie en verkocht grote hoeveelheden lijm. Pas na enkele maanden kreeg hij de eerste meldingen van problemen binnen. De lijm voldeed in alle opzichten maar plakte niet.

Waarom vinden we het vaak zo moeilijk om actie te ondernemen of ondervinden we problemen als we eenmaal zijn begonnen?

Oorzaak: je scheidt denken en doen

De hoofdoorzaak is dat we ons denken over een probleem los zien van wat we aan het probleem gaan doen. Regelmatig wordt de planning, weg van de uitvoering, in hokjes opgedeeld naar tijd, plaats of de betrokken mensen. We denken door tot de planning is voltooid en maken dan het werk af. De kwaliteit van zowel ons denkwerk als onze daden lijdt hieronder.

Het denkwerk moet worden opgefrist met gegevens die tijdens de uitvoering van een idee of plan worden verzameld. Onze daden moeten continu worden bijgestuurd door nieuwe gedachten. Het effect van beide activiteiten neemt af naarmate ze langer gescheiden blijven. Elk opeenvolgend uur dat je denkt zonder je gedachten te testen is minder productief dan het voorgaande uur.

Je stelt daden uit totdat de plannen de juiste vorm hebben

Doordat we zo bang zijn iets 'verkeerd' te doen stellen we dingen uit tot de plannen perfect zijn. Aangezien iets doen een bepaald risico kan inhouden, schuiven we dat risico zolang mogelijk voor ons uit.

Tot op zekere hoogte heeft onze opleiding hier schuld aan. Het meeste onderwijs, vanaf de lagere school tot aan de school voor bedrijfskunde, wijdt zich aan afzonderlijke intellectuele problemen. De docent weet het antwoord en de student wordt verondersteld daar achter te komen. Voor zulke 'gesloten' problemen bestaat slechts één oplossing en we leren te blijven zoeken tot we de oplossing hebben gevonden. Het doel is het probleem rond te krijgen en een perfecte score van honderd procent op het examen te halen.

Er is echter maar weinig in het leven van een mens dat daarmee overeenstemt. De uitdagingen waarvoor we komen te staan hebben een open einde – denk aan problemen als luchtvervuiling, veiligheid, onderwijs, efficiënte productie of het management van menselijke hulpbronnen – en de meeste problemen kennen geen volmaakte oplossing. Er moet iets gedaan worden om de situatie te verbeteren, om vooruitgang te boeken. Maar door onze scholing streven we alleen naar de allerbeste oplossingen. We werken door en door, proberen open problemen 'op te lossen' door alsmaar betere plannen te ontwikkelen, maar in feite *doen* we helemaal niets.

Doorzettingsvermogen is een deugd als het doel goed is gekozen. Het doel van planning is echter niet hoogwaardige plannen voort te brengen maar hoogwaardig werk te realiseren. En dat bereik je niet door eindeloos te blijven plannen.

Zodra het werk begint, negeer je manieren om het te verbeteren

Ervaring is een goede leermeester, maar alleen voor hen die de tijd nemen om ervan te leren. Te vaak nemen we, wanneer we eenmaal aan een karwei zijn begonnen, een 'moet kunnen'-houding aan en stommelen voort. Tijdens het werk slagen we er niet in onszelf te observeren en we vermijden na te denken over hoe we beter kunnen werken.

Je vergeet tussentijdse koerswijzigingen te overwegen. Als je eenmaal door een taak in beslag wordt genomen, weet je er veel meer over dan voordat je eraan begon. Toch hebben we allemaal de neiging de blauwdruk aan te houden die is opgesteld toen we nog nergens van af wisten. We behandelen plannen soms alsof ze heilig zijn en voeren ze naar de letter uit, ook als we ze zelf hebben ontworpen. Ik besluit bijvoorbeeld op zondag naar mijn buitenhuisje te gaan omdat zondag de enige dag is waarop ik een reservering voor de veerboot kan krijgen. Mijn dochter vraagt of ze de auto dat weekeinde kan lenen. Ik stem toe, omdat ik denk dat ik de auto toch niet nodig heb op het eiland. Ik wacht nog steeds tot zondag om de bus te nemen en verspil het halve weekeinde, alleen omdat ik al had besloten dat zondag de dag was om te gaan.
Het lijkt gemakkelijker een uitgestippelde route te volgen dan te stoppen en een nieuwe weg te kiezen. En misschien is dat op dit moment ook zo. Uiteindelijk zul je je eindbestemming – of zelfs een betere eindbestemming – echter eerder bereiken als je er de tijd voor neemt om je plannen te vergelijken met de veranderde omstandigheden.
Wanneer de plannen door anderen zijn opgesteld, wachten we zelfs nog langer voordat we ze ter discussie stellen. Een voordeel is dan dat een eventuele mislukking van de plannen de schuld van iemand anders is. Roger zag ooit met groot afgrijzen hoe een aannemer een prachtige eik liet vellen. De aannemer wilde de plannen van de architect voor de ligging van het huis niet wijzigen, al bleek later dat de architect niet eens wist dat daar een boom stond. Mensen hebben de neiging te handelen als leden van de beroemde Light Brigade...

Theirs not to make reply,
Theirs not to reason why,
Theirs but to do and die...

(Het is niet aan hen antwoord te geven / of na te denken waarom / zij sterven slechts, gehoorzaam en stom)

In sommige organisaties wordt een 'mandaat' als een substituut voor het denken beschouwd, zelfs voor het gezond verstand: 'Daar zegt mijn mandaat niets over, dus doe ik het ook niet op die manier.'
Er vindt geen herziening van plannen plaats in het licht van nieuwe informatie, tenzij je waarneemt wat er gebeurt en dat vergelijkt met wat je had verwacht. Te vaak slagen we er niet in op tijd lering te trekken uit de beroemde 'school van vallen en opstaan', zodat we de geleerde lessen kunnen toepassen op de taak die we moeten uitvoeren.

Je slaagt er niet in lessen voor de toekomst te trekken. Soms lukt het niet om op tijd een les te leren en die direct toe te passen. Je dacht dat alle eieren veilig in een mandje konden, maar ze zijn gebroken. Je vergat je kinderen te raadplegen en verkocht de meubels die zij wilden hebben. Je dacht dat de klant tevreden zou zijn over je presentatie, maar hij vond het vreselijk. Dit soort dingen gebeuren overal en altijd.
Je kunt het verleden niet veranderen. Je kunt er wel van leren. Je kunt het mandje eieren anders aanpakken. Te vaak leren we echter niet voor de toekomst en zeggen dat je geen oude koeien uit de sloot moet halen.
Terugblikken heeft meestal een lage prioriteit. De voordelen van een terugblik liggen ergens in een onbestemde toekomst, terwijl andere zaken hier en nu onze aandacht opeisen. Zodra journalisten een deadline hebben gehaald en hun verhaal hebben geschreven, kijken ze uit naar de volgende deadline. Net als de rest zijn zij slechts zelden geïnteresseerd in een overzicht van de methodes die zij hebben gebruikt om na te gaan hoe ze dingen anders kunnen doen.
Als we tijd inruimen voor een terugblik, slagen we er vaak niet in die tijd productief te gebruiken. Een terugblik wordt eerder aangewend om een straf (en soms een beloning) uit te delen in plaats van verbeteringen te plannen. Alan werd ingehuurd om te overleggen met een sportteam dat een mindere periode doormaakte. Hij stelde vast dat de spelers niet en-

thousiast waren om na de wedstrijden bijeen te komen. Toen hij hun vroeg waarom, vertelden ze hem dat ze verwachtten dat zo'n oppervlakkige bijeenkomst na een overwinning verloren tijd was. Na een verloren wedstrijd las de trainer de spelers die hij verantwoordelijk achtte de les.

Natuurlijk heeft het zin mensen te feliciteren voor hun inspanningen. Dat kan ze die voldoening geven waardoor ze bereid blijven offers te brengn. Het zal echter niet hun vaardigheden verbeteren of ideeën tot ontwikkeling geven om toekomstige prestaties te verbeteren. Als je een periode zou moeten noemen waarin je het meest hebt geleerd op school, is dat waarschijnlijk niet het moment waarop je je eindbeoordeling ontving. Je hebt waarschijnlijk meer gehad aan momenten dat een docent je apart nam en veranderingen in een werkstuk of experiment voorstelde. Je hebt misschien geen fulltime begeleiders meer, maar je kunt je wel concentreren op leren in plaats van op jezelf straffen of belonen.

Doel: integreer denken en doen

Wat moet je doen als je meer van je ervaringen wilt leren, en op die manier meer voor elkaar wilt krijgen?

De eerste stap is de heroverweging van de gebruikelijke keuze tussen tijd besteden aan nadenken of doen. Die ruil is denkbeeldig. Actie ondernemen is doorgaans beter voor je denkarbeid dan nog meer tijd aan denken te besteden.

In plaats van denken en doen als verschillende activiteiten te beschouwen die gescheiden moeten blijven, is het zinvoller om denken en doen te integreren. Houd je daden altijd nauwkeurig onder controle met duidelijke, rigoureuze gedachten. Verrijk het systematische denken door systematisch nieuwe, harde gegevens te verwerken. Dergelijke gegevens komen voort uit de observatie van wat er gebeurt wanneer we ideeën in de praktijk uitproberen.

Stel je voor dat een bedrijfsleidster van een zaak in skibenodigdheden zich stoort aan de tijd die het personeel nodig heeft om de juiste spullen voor een klant te vinden en af te rekenen. Als zij een uur of twee aan systematisch denken besteedt, zal ze op een paar ideeën komen. Als ze tien uur lang blijft nadenken, verzint ze vanzelfsprekend nog meer ideeën maar waarschijnlijk niet tien keer zoveel. En als ze een uur nadenkt, dan een paar ideeën een uur uitprobeert, en vervolgens weer een uur besteedt aan de verbetering van haar eerste plannen en het bedenken van nieuwe plannen, heeft ze na drie uur van gecombineerd denken en doen waarschijnlijk betere ideeën dan na tien uur denken.

Onderneem op tijd actie

Het is altijd zinvol om te plannen. Een succesvolle voorbereiding levert de basis voor de herhaling van dingen die lukken en voor de verbetering van dingen die niet werken. Een goede chef-kok kan een heerlijke maaltijd voorbereiden. Als hij echter vergeet het recept op te schrijven, zal hij er enkele weken later niet in slagen zijn succes te herhalen. Voor complexere taken komt een goede voorbereiding neer op een geschreven schema van wat je gaat doen, en enkele hypotheses over de verwachte resultaten. Je kunt ook een ruw ontwerp voor extra plannen opstellen en die informatie aangeven waarop je moet letten als je eenmaal bent begonnen.
Niettemin is geen enkel plan ooit volmaakt. Je kunt nooit *weten* of je de beste handelwijze hebt gekozen. Je zou voor altijd kunnen blijven wachten en nog meer onderzoek kunnen doen. Er zijn altijd mensen te vinden die advies willen geven. Je moet echter besluiten: zal ik doorgaan met plannen of zal ik actie ondernemen? Aangezien je weet dat wij allemaal de neiging hebben te wachten en wachten totdat onze plannen perfect lijken, is het beste advies: niet wachten. Beschouw handelen niet als een aparte activiteit resulterend in het eindproduct. Zoek in de benadering van je taken altijd naar primaire mogelijkheden om je vooronderstellingen te toetsen, om je ideeën uit te proberen, je plannen te testen.

Kies niet voor plannen of daden. De verstandigste handelwijze is natuurlijk niet te kiezen tussen meer plannen maken of beginnen met werk, maar beide te doen. Beginnen met werk houdt niet in dat je moet stoppen met plannen. De relatie tussen plannen en handelen zou een tweezijdige uitwisseling moeten zijn, waarbij het ene voordeel heeft van het andere en omgekeerd. In de meeste situaties wegen de voordelen van alvast begonnen zijn zwaarder dan de voordelen van verder uitstel om de plannen op te poetsen. Een van de beste manieren om plannen te verbeteren is ze uit te proberen, tenminste voor een deel. Proefprojecten, testboringen, tests en werken met modellen en simulaties zijn allemaal manieren om op tijd te beginnen met handelen, zodat latere versies van een plan voordeel hebben van wat in het veld is geleerd.

Stel de vraag: wat is het risico? Als je denkt dat de test van je plannen een bepaald risico met zich meebrengt, leg jezelf dan de vraag voor: 'In welke verhouding staat dat risico tot het risico van niets doen, waarbij alles hetzelfde blijft?'
De personeelschef van een groot elektronicabedrijf overwoog de afschaffing van het systeem waarbij iedereen naar resultaat werd uitbetaald. Zoals vaker met dergelijke systemen gebeurt, hadden de werknemers een manier bedacht om de hoeveelheid bonus te beïnvloeden, zodat ze meer ontvingen zonder beter te produceren. Desondanks aarzelde hij om het bestaande systeem te vervangen door een vast dagloon. Het systeem werkte niet naar bevrediging, maar hij was bang dat de werknemers gedemotiveerd zouden raken en minder gingen produceren als het systeem werd afgeschaft.
Toen vroeg de personeelschef zich af wat er zou gebeuren als er niets veranderde. Op basis van de ervaring van de laatste paar jaren nam hij aan dat de uitbetalingen zouden blijven stijgen terwijl de productie niet toenam. Hij beredeneerde dat het risico van doorgaan groter was dan dat van experimenteren met een nieuw systeem. Hij besloot de verandering door te voeren en het resultaat te testen. Hij kon de verandering altijd weer ongedaan maken.
In sommige gevallen kun je je niet veroorloven dat je plannen nog niet perfect en onfeilbaar zijn als je de eerste stap wilt zetten. Je zult per slot van rekening niet met een parachute uit een vliegtuig springen als je er niet zeker van bent dat de voorbereiding optimaal is geweest. Maar ook hier is een deel van de actie al lang geleden in gang gezet. In plaats van uren ach-

ter een bureau te zitten tot de plannen voor een perfecte parachute voltooid waren, werkten enkele slimmerds een ontwerptekening uit, maakten een paar proefparachutes en probeerden die uit met gewichten eraan vanaf torens en bruggen. Musicalproducers organiseren try-outs in kleine theaters.
De meeste ideeën in dit boek zijn op deze manier ontwikkeld. Voordat we dit boek publiceerden begonnen we werkcolleges te geven om onze ideeën tegenover een vakkundig, door de wol geverfd publiek uit te proberen. Als zij bepaalde ideeën onbruikbaar vonden, wijzigden we die. Zodra je begint, ontvang je nieuwe informatie die de volgende versie van de plannen beter dan de laatste zal maken.

Begin direct met evalueren

Net zoals je niet moet aarzelen om de denkfase te beëindigen en je je handen vuil moet gaan maken, moet je snel je instrumenten kunnen neerleggen en nadenken over het hoe en wat van je daden. Het is verleidelijk aan te nemen dat het juiste moment voor een terugblik pas daar is wanneer je het karwei hebt afgerond. Studenten krijgen een beoordeling aan het eind van een cursus. Investeringsbankiers komen bij elkaar om hun prestaties te beoordelen nadat een grote fusie is beëindigd. Maar de waarheid is dat herhaald evalueren tussendoor nuttiger is. Je kunt dan, los van het feit of je wel of geen vooruitgang hebt geboekt, stoppen en je methodes herzien door ze te verbeteren. Waarom zou je wachten?
Nadat je iets hebt voltooid zou je kunnen verwachten dat je een betere benadering kan ontwerpen dan voordat je eraan begon. Maar we vergeten vaak dat je ook een betere benadering kunt ontwerpen wanneer je halverwege iets bent. Het is altijd verstandig direct voordeel te halen uit wijsheid die je uit een tussentijdse evaluatie van je prestaties kunt halen.
Als je eenmaal op gang bent gekomen wordt je aandacht opgeslokt door de details van je taak. Je verliest gemakkelijk je overzicht op het geheel. Je raakt misschien verstrikt in een of ander ingewikkeld aspect van je opdracht en besteedt daar meer tijd aan dan nodig is. Toen we aan dit boek werkten, nam Alan op een gegeven moment vrijaf om zijn auto te repa-

reren. Nadat hij een half uur lang in kromme houding had geprobeerd een spie ergens in het motorblok vast te zetten merkte hij op: 'Het was beter geweest als ik in het begin even had gestopt om vijf minuten na te denken.'

Wellicht vind je het handig een eenvoudig lijstje op te stellen met vragen die van pas kunnen komen bij zo'n tussentijdse evaluatie. De volgende vragen openen nieuwe gezichtspunten:

Een illustratieve checklist voor evaluatie tussendoor
GG? Wat lijkt **G**oed te **G**aan?
DD? Wat zou ik **D**irect anders **D**oen?
Welke richtlijnen kan ik hieruit afleiden?
Voor werk in uitvoering?
Voor toekomstig werk?

Een evaluatie is veel productiever wanneer de gegevens nog vers in je geheugen liggen. Als je even pauzeert terwijl je ergens mee bezig bent, krijgt je terugblik de aandacht en inzet die hij verdient omdat je conclusies een actuele waarde hebben. Als een taak eenmaal is voltooid, zullen we haar doorgaans als een afgesloten hoofdstuk beschouwen en richten we ons op iets anders.
De auteurs van dit boek geven op de Harvard Law School een vijfdaags werkcollege over onderhandelingstechnieken voor advocaten en andere vrije beroepen. Tot de onderwijsstaf behoren jonge academici en studenten die de discussies onder de deelnemers begeleiden. De onderwijsstaf besteedt iedere avond zeer veel aandacht aan de evaluatie omdat zij graag hun prestaties voor de volgende dag willen verbeteren. Op vrijdagmiddag zijn ze daarentegen ongeduldig en hopen dat de evaluatie zo snel mogelijk afgelopen is zodat ze een biertje kunnen pakken. Het grootste deel van wat ze leren, gebeurt tussen de evaluaties door.
Er bestaat spanning tussen volgens planning een karwei volbrengen en tussen tijd besteden om na te denken over betere manieren om het te volbrengen. Er is een bepaald evenwicht nodig. Weinig individuen – en nog minder groepen – weten het juiste evenwicht te vinden. De meeste mensen zouden

meer tijd moeten besteden aan de evaluatie en verbetering van hun prestaties.
Ervaring kan een krachtige leraar zijn, maar alleen werkt zij niet. Er wordt beweerd dat de medische wetenschap weinig vooruitgang boekte tot het moment dat artsen lijkschouwingen gingen verrichten en zo konden vaststellen of hun diagnoses correct waren geweest of dat de patiënten aan iets anders waren overleden. Je hebt er meer aan om je mislukkingen – en je successen – niet onder het kleed te verstoppen. Evalueer je voltooide projecten om lof uit te kunnen delen en – belangrijker nog – om te leren hoe je in de toekomst beter kunt presteren.

Volg korte cycli van VOORBEREIDEN – DOEN – EVALUEREN. Teneinde je denken en doen geïntegreerd in balans te houden, kun je het volgende eenvoudige patroon aanhouden:

VOORBEREIDEN —> DOEN —> EVALUEREN —> VOORBEREIDEN...

Herhaal dit steeds weer tijdens de uitvoering van je werk.

We kunnen het cirkeldiagram uit het vorige hoofdstuk uitbreiden. Op zichzelf genomen is het cirkeldiagram een oefening in puur denken, waarbij geen actie wordt ondernomen. Aangezien het eindigt waar het begint, drukt het geen gevoel van vooruitgang uit. In plaats van er alsmaar rondjes mee te draaien moet je, zodra je een manier ziet om vooruitgang te boeken, beginnen met het stellen van daden. Dit wordt grafisch uitgebeeld in het golfdiagram op blz.133. Het veld van handelingen ligt beneden de golvende lijn. Onder die lijn brengen we plannen ten uitvoer, proberen we ideeën uit en verrichten we het feitelijke werk: de productie van auto's, de behandeling van patiënten, de oogst van gewassen, het sluiten van deals. Alles boven de golvende lijn is denkwerk. We denken na over het werk dat we doen: we diagnosticeren de oorzaken van problemen, houden planningsvergaderingen, evalueren prestaties, stellen tussentijdse wijzigingen voor, bereiden herziening van plannen voor.
Het diagram maakt duidelijk dat je door de golflijn te volgen

Voorbij het cirkeldiagram: een sinus

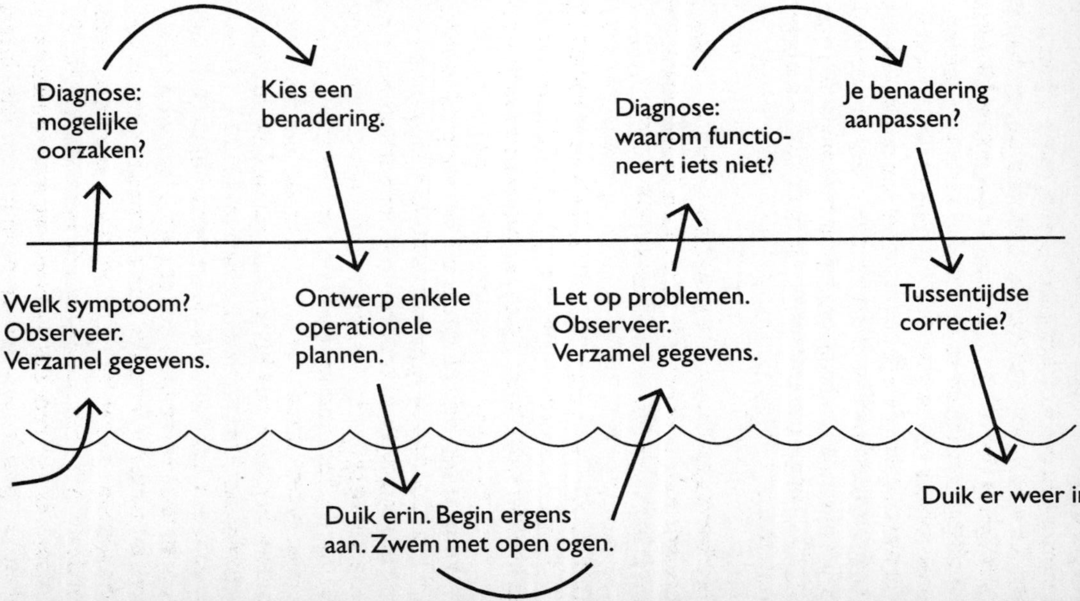

steeds – met open ogen – in de 'zee' van activiteiten duikt, en ook steeds weer terugkeert in het 'zonlicht' van de denkwereld, terwijl je constant vooruitgang boekt op weg naar je einddoel.

Blijf de cyclus alsmaar herhalen. Bereid na elke evaluatie voor wat je volgende stap moet zijn.
Elke evaluatie verschaft nieuwe informatie die tot nieuwe daden aanzet of die nieuwe plannen noodzakelijk maakt. Voorbereiding, actie en evaluatie – zelfs als ze slechts door iemand in zijn eentje worden volbracht – zijn essentiële fases in het lering trekken uit welke taak ook. De opvolging is het krachtigst wanneer je haar meerdere malen toepast. Als je het proces blijft herhalen:

- *Vermijd je verlamming op beslissende momenten.* Door in korte cycli te werken word je bevrijd van de noodzaak dingen in één keer goed te moeten doen. Het besef dat je je plannen tijdens de uitvoering ervan kunt herzien voorkomt dat je vast komt te zitten.

- *Zorg je voor een snelle verwerking van nieuwe gegevens.* Je kunt bijna niet afdwalen als je regelmatig de situatie in je opneemt en nagaat of je dichter bij je einddoel bent gekomen.

- *Concentreer je je op de meest productieve werkwijze in plaats van op inspanningen die minder opbrengen.* Je hoeft geen tijd te verspillen door volmaaktheid na te streven. Een beetje zelfvertrouwen zorgt ervoor dat je aan de slag gaat en eerder vooruitgang boekt.

Verhelder ten tweede de visie op de gezamenlijke toepassing van de vaardigheid: samen voorbereiden en evalueren

Probleem: met meerdere mensen is het een stuk lastiger om lering te trekken uit ervaring

'Sunshine software'

Tijdens de zomer van 1996 werkte het comité Werkzaamheden van een groot Amerikaans softwarebedrijf hard aan een bedrijfsplan voor 1997. Het plan dat werd ontwikkeld legde vast welke producten niet langer vervaardigd, herzien of met speciale marketingbudgets ondersteund zouden worden. Het plan werd goedgekeurd door de bedrijfsleiding en vervolgens gepresenteerd aan alle vestigingen over de hele wereld.
Het comité Werkzaamheden bestond uit deskundige, oudere kaderleden die hard hadden gewerkt, maar andere werknemers werden toch door hun plan overvallen. Het Japanse kantoor meende dat het plan totaal niet in overeenstemming was met hun afzetmarkt. Ook in andere takken van het bedrijf waren mensen minder gelukkig. Maar bevel is bevel. Door het hele bedrijf heen probeerden eerlijke, hardwerkende kader- en stafleden het plan te doen slagen, zich daarbij inspannend om het plan te interpreteren volgens de werkelijkheid zoals zij die zagen, maar tegelijkertijd bedachten ze rechtvaardigingen waarom het plan in hun districten niet zou werken. Een jonge marketingdirecteur vroeg haar supervisor: 'Wat kunnen we hieraan doen?'
'Zorg dat je eraan gewend raakt,' antwoordde hij. 'Dit soort dingen komt wel vaker voor.'

Sommigen plannen, anderen doen

In iedere organisatie concentreren bepaalde mensen zich op de planning en zijn er andere mensen die verantwoordelijk zijn voor de uitvoering van die plannen. Hoe groter de organisatie is, des te groter wordt de effectieve afstand tussen de

plannenmakers en de uitvoerders. Ten gevolge daarvan ontvangen de plannenmakers niet de gegevens die ertoe leiden dat zij hun veronderstellingen ter discussie stellen.
Een groep, bijvoorbeeld de afdeling productieplanning, krijgt de opdracht een plan op te stellen. Nadat hun werk is gedaan, wordt het plan overgedragen aan een hogere autoriteit. De bedrijfsleiding neemt de grote beslissing het plan ten uitvoer te brengen. Het plan wordt doorgegeven aan de 'doeners', bijvoorbeeld de verschillende productieafdelingen. De denkers blijven denken en de doeners blijven doen, zonder dat beide groepen van elkaars ervaringen leren. De doeners, die het denkwerk achter de plannen niet kennen, weten niet zeker of en hoe ze wijzigingen kunnen doorvoeren. En de plannenmakers krijgen nooit de gelegenheid hun plannen te evalueren zodat ze die kunnen aanpassen aan eventuele problemen in de uitvoering.

Sommigen willen perfecte plannen, anderen willen aan de slag

In iedere groep zijn er mensen die meer tijd nodig hebben om na te denken, die aarzelen om actie te ondernemen zolang ze er niet van overtuigd zijn dat hun plannen 'de juiste oplossing' bieden. Er zijn maar een paar van dit soort mensen nodig om een hele groep op te houden. Evenzo zijn er altijd wel een paar mensen die 'kost wat kost' willen doorzetten, waardoor anderen niet aan een tussentijdse evaluatie toekomen.

Evaluatie wordt uitgesteld totdat niemand er meer in is geïnteresseerd

Echt dingen voor elkaar krijgen wordt meestal als veel belangrijker beschouwd dan pauzeren en over de gevolgde procedures praten. Als gevolg wordt er vaak niet geëvalueerd zolang er nog tijd is om tussendoor wijzigingen door te voeren. Verder wordt de evaluatie na voltooiing van een bepaald project meestal uitgesteld totdat een projectrapport – of erger nog: een jaarverslag – moet worden opgesteld. Tegen die tijd is het project als Gods water over Gods akker gevloeid en nog maar weinig interessant. Evaluatie is in deze fase maar zelden een groepsinspanning. Iemand wordt aangewezen om het rapport op te stellen. Het doel van het rapport is meestal niet lering trekken uit de opgedane ervaringen en richtlijnen voor de toekomst op te stellen. Een meer waarschijnlijk oogmerk is de geleverde prestatie in een gunstig daglicht stellen. Zulke verslagen zijn zelden een educatieve ervaring voor de groep.

We evalueren slechts zelden hoe we samenwerken

Wanneer we pauzeren om een project te evalueren, concentreren we meestal alle aandacht op het werk zelf. We evalueren bijna nooit de manier waarop we hebben samengewerkt en denken ook amper na over de verbetering van de samenwerking. Tenzij we er speciaal aandacht aan besteden, overdenken we niet wat de oorzaak was dat we uit elkaar dreven of welke les we uit die ervaring kunnen trekken. En als er met onze methodes van samenwerking problemen zijn, helpt het vinden van een inhoudelijk betere benadering meestal niet om herhaling van misstappen een volgende keer te voorkomen. De oorzaak van problemen met ons feitelijke werk ligt meestal in de manier waarop we samenwerken.

Als het softwarebedrijf niets doet aan de gebrekkige informatie-uitwisseling tussen de verschillende hoofdkantoren en het planningscomité hebben ook inhoudelijke verbeteringen van het plan geen kans van slagen. Een grondige evaluatie verheldert misschien welke producten het dit jaar goed doen in Japan. Maar op deze manier wordt niet de benadering aangepakt die de oorzaak was van deze vergissing. Volgend jaar zullen ze waarschijnlijk dezelfde moeilijkheid met een ander hoofdkantoor ondervinden.

Het lijkt altijd of we veel belangrijker dingen te doen hebben dan manieren ontwikkelen om onze samenwerking te verbeteren. Maar zoals de baas van een grote chemische fabriek opmerkte: 'Wij hebben geleerd dat de tijd die wordt besteed aan de overweging van *hoe* we samenwerken, *hoe* we beslissingen nemen, en aan de planning van manieren om onze samenwerking te verbeteren, in puur goud wordt terugbetaald.'

Visie: iedereen helpt denken en doen te integreren

Dezelfde praktijken die jou helpen betere prestaties te leveren, zullen de hele organisatie helpen als ze op de schaal van het hele bedrijf worden toegepast. Een toekomstdoel is dat iedereen in de organisatie de waarde van aan de slag gaan voordat de plannen perfect vormgegeven zijn zal begrijpen, en van prompt te stoppen om te zien hoe de dingen verlopen en hoe goed we samenwerken. Iedereen voelt zich vrij om voor te stellen dat we aan een bepaald aspect van het karwei beginnen zodat we ergens van kunnen leren. Iedereen voelt zich vrij om tussendoor te stoppen voor een gemeenschappelijke evaluatie. En we trekken gezamenlijk lering uit onze ervaringen, zodat we allemaal kunnen profiteren van elkaars ervaringen.

We bereiden voor, ondernemen actie en evalueren de manier waarop we de taak aanpakken

Door samen te werken volbrengen we een bepaalde taak. Een primair doel van de waarneming en evaluatie van de gezamenlijke aanpak van een taak is te leren hoe we die taak sneller en beter kunnen uitvoeren.
De ingenieurs van Boeing hadden er hun handen vol aan toen ze de eerste 737's moesten ontwerpen en bouwen. Na een grondige evaluatie waren ze in staat een dikke bundel te vullen met het verslag van hun vergissingen en de doodlopende straatjes die ze hadden gevolgd. Alle ontwerpers die later de eerste 767 maakten bestudeerden die bundel en konden daardoor het volgende vliegtuig een stuk sneller en efficiënter produceren.

We bereiden voor, ondernemen actie en evalueren hoe we samenwerken

We zijn ook geïnteresseerd in de lering die we uit onze daden kunnen trekken met betrekking tot onze samenwerking. Hoe goed functioneert die samenwerking? Welke richtlijnen kunnen helpen onze samenwerking te verbeteren, zowel voor deze taak als voor toekomstige taken? Waar te nemen en te le-

ren hoe goed we samen hebben geëvalueerd behoren tot de doelen van onze gezamenlijke actie. De visie is dat we dat routinematig en goed moeten doen.
Natuurlijk is dit niet de gewone gang van zaken bij de meeste regeringsinstellingen, universiteiten of bedrijven. Zodra je je bewust bent van het belang van de lessen die je uit je individuele activiteiten kunt trekken, is het gemakkelijker om daarvan doordrongen te zijn wanneer je samenwerkt. Als je echter kijkt hoe de meeste groepen ervaring en denken integreren, raak je wellicht ontmoedigd.

Betere tijden bij 'Sunshine'

Het bedrijf leerde van de pijnlijke ervaring van het plan uit 1996. Het planningscomité vernam van sommige districtshoofden hoe ongelukkig zij waren met het onuitvoerbaar plan waarop zij geen enkele invloed konden uitoefenen. Het comité koos een dag om te bestuderen wat er mis was gegaan. Ze keken naar de vergissingen en ook, belangrijker nog, naar wat er in hun benadering voor had gezorgd dat zij die vergissingen hadden begaan.
Toen het tijd werd om het bedrijfsplan voor 1998 op te stellen ontwierp het comité Werkzaamheden een 'ontwerpplan', dat zij zouden hebben aangenomen als zij de procedure van de voorgaande jaren hadden gevolgd. Er werd een grote bijeenkomst met bedrijfsleiders uit de hele wereld gehouden om het plan te beoordelen en wijzigingen voor te stellen die op hun ervaringen waren gebaseerd. Mensen werkten hard in comités en subcomités en in lange avondsessies. Al met al werkten ze met veel inzet, blij dat ze geraadpleegd werden en hun ervaring konden aanwenden voor beïnvloeding van het planningsproces. Door het proces waarmee het plan werd geschreven te verbeteren, boekte het bedrijf ook een grote inhoudelijke vooruitgang. Het nieuwe plan was flexibel, liet verschillen toe voor de deelmarkten en zorgde voor coördinatie tussen kantoren met dezelfde behoeften.

Geef vervolgens leiding: help je collega's te leren van hun ervaringen

Het eerste deel van dit hoofdstuk was gericht op wat je kunt doen om je eigen vaardigheid te verbeteren met betrekking tot de integratie van denken en doen. Het tweede deel was gewijd aan de verheldering van een visie op de coöperatieve situatie waar je naartoe kunt werken; een groep kan leren door herhaaldelijk de cyclus VOORBEREIDEN – DOEN – EVALUEREN toe te passen. Nu richten we ons op de vraag hoe je je collega's (en jezelf) naar die visie kan 'leiden'. Hoe kun je, wanneer je samen met anderen dingen voor elkaar probeert te krijgen, de technieken van lateraal leiderschap gebruiken om ervoor te zorgen dat iedereen denken en doen integreert?

Het planningscomité van 'Sunshine Software' paste zijn methodes aan. De leden evalueerden hun prestaties, ontwierpen nieuwe benaderingen en probeerden die snel uit, en zij ruimden tijd in om lering te trekken uit hun eerste ervaringen met het nieuwe systeem. Maar hoe gebeurde dat? Wie zei wat zodat dit kon gebeuren? Stel je voor dat jij een ervaren staflid bent bij een van de bijkantoren van het softwarebedrijf. Wat zou jij hebben kunnen ondernemen om het comité te helpen lering te trekken uit zijn ervaringen?

Het is aannemelijk dat het comité meer aandacht heeft besteed aan de substantie van de taak – op welke producten moeten we ons concentreren en hoe kunnen we ze promoten – dan aan het proces hoe zij die keuzes moesten bepalen. Op dat vlak is er waarschijnlijk meer gelegenheid voor verbetering. Beter nog, uit zichzelf zal het ertoe geneigd zijn betere substantieve resultaten te produceren. Als jij de gewoonte kunt opstarten om te bestuderen hoe de groep werkt en zich betere gewoontes aanleert, zal de cyclus van VOORBEREIDEN – DOEN – EVALUEREN haar eigen stootkracht ontwikkelen.

Verstrek gegevens: vertel over mislukkingen in collectief leergedrag

Toen het plan voor 1997 de ronde deed, had het comité Werkzaamheden behoefte aan betrouwbare gegevens over de werking ervan en het effect van het plan op de collega's. Observeer wat jij kunt waarnemen vanuit jouw strategische positie en VRAAG anderen wat zij hebben opgemerkt. Misschien zijn zij gewoon ongelukkig dat er niet naar hun mening wordt gevraagd.

Als je bekenden onder vier ogen vragen stelt, zoek dan naar GEGEVENS die jouw vooronderstellingen in twijfel kunnen trekken. Probeer zowel vast te stellen wat er goed was aan het plan als wat er beter of anders gedaan had kunnen worden. En zoek naar gezichtspunten van anderen die je helpen je vooroordelen te overwinnen.

Wanneer je gegevens hebt verzameld, kun je de informatie aanbieden aan iemand die er goed gebruik van weet te maken. Te vaak krijgen de bovenste lagen van de bedrijfsleiding verontrustende informatie niet te horen omdat de lagere rangen vrezen dat de boodschapper van slecht nieuws wordt gestraft. Zo verkrijgen plannenmakers nooit de gegevens die kunnen helpen dingen beter te leren doen. Een benadering is de gegevens aan een individu onder vier ogen aan te bieden zodat deze erover kan nadenken wat hij ermee zal doen zonder dat hij daardoor onder druk komt te staan.

> Geachte..............,
> Ik richt mij tot je in je hoedanigheid als lid van het planningscomité. Ik wil gegevens met jou delen die ik heb waargenomen en onder mijn collega's heb verzameld over hoe het plan in het veld werkt. Jij verkeert in een betere positie dan ik om lering te trekken uit deze gegevens, en om te beslissen of deze observaties aan de rest van het comité moeten worden voorgelegd. Ik hoop dat dit je helpt vast te stellen wat er volgend jaar moet worden veranderd, als dat al het geval mocht zijn.
> Het eerste wat ik vaststelde, was...

Als je een klachtenlijst naar het hele comité stuurt, zou ieders keuze neerkomen op iets als: ben ik het met deze klacht eens en moet ik een andere kant kiezen dan mijn vrienden in het comité, of verdedig ik het harde werk dat we hebben gedaan en de moeilijke keuzes die we hebben gemaakt? Het laat zich

gemakkelijk voorspellen dat de leden van het comité de neiging zullen hebben de rijen te sluiten en problemen zullen toeschrijven aan de collega's in het veld.
Het voordeel van deze benadering is dat het een van de leden van het comité een andere keuzemogelijkheid biedt: zal ik deze informatie aan mijn vrienden doorgeven, zodat *wij* er iets aan kunnen doen voordat de situatie verslechtert? Aangezien mijn vrienden en ik geprezen zullen worden voor iedere verbetering, komt het mij goed uit om deze gegevens te gebruiken.

Bied een diagnose: we helpen anderen niet met leren

Het comité Werkzaamheden was zich kennelijk niet bewust van de feiten die delen van het plan ongeschikt maakten. Die onwetendheid is eerder de fout van de collega's in het veld, die deze feiten hadden kunnen doorgeven, dan van de leden van het comité, die zich niet bewust waren van wat zij niet wisten. Om deze communicatiekloof te overbruggen moet je aan beide zijden verbeteringen doorvoeren.
Je kunt een diagnose van het probleem aan collega's in jouw kantoor aanbieden: 'Ik denk dat ze plannen opstellen waar wij niet mee uit de voeten kunnen, omdat wij ze te weinig over onze situatie vertellen. Kan dat niet deels een oorzaak voor dit probleem zijn geweest?' Of je kunt een gelijksoortige diagnose naar het hoofdkantoor doorseinen.
Wanneer je oorzaken van problemen of van succes wilt diagnosticeren, let dan op die oorzaken die te maken hebben met het *proces* waarmee de twee plannen werden voorbereid.

Geef advies: stel voor dat collega's hun ervaringen delen

Een andere benadering is het doorgeven van een voorstel aan iemand die in een betere positie verkeert om de situatie te beïnvloeden. Denk bijvoorbeeld aan de marketingdirecteur wier baas zei dat er niets kon worden gedaan aan het onvermogen van het comité om de problemen van de lokale hoofdkantoren op te lossen. Wat zou zij kunnen zeggen om hem aan te moedigen een minder fatalistische houding aan te nemen?

Baas: 'Zorg dat je eraan gewend raakt. Dit soort dingen komt wel vaker voor.'

Kim: Dat klinkt alsof je al ervaring hebt met dit soort toestanden.

Baas: Jaar in, jaar uit. Vroeger klaagde ik erover, maar er werd nooit aandacht aan besteed.

Kim: Ze erover aanspreken heeft dus niet gewerkt. Misschien is er een andere benadering mogelijk. Misschien kunnen we toch iets veranderen.

Baas: Wat zouden we dan kunnen doen?

Kim: Ze stellen plannen op zonder rekening te houden met de omstandigheden, nietwaar? Vermoedelijk is dat omdat ze geen idee hebben van onze situatie. Voor hun onwetendheid moet er aan twee voorwaarden zijn voldaan: zij vragen ons niets, en wij vertellen hun niets omdat we niet gevraagd worden. Misschien kunnen we hen niet veranderen, maar we kunnen wel veranderen wat wij doen.

Baas: Hoe kan ik nou weten welke informatie zij willen hebben?

Kim: Goede vraag. Ik kan daar niet direct op antwoorden. Eén ding dat we kunnen doen, is ze die informatie sturen die wij belangrijk vinden, en dan navragen of het bruikbaar was of niet.

Baas: Dan zouden ze nog niets veranderen omdat ze moeten toegeven dat zij in de eerste plaats een fout hebben gemaakt. Dat zullen ze niet doen.

Kim: Ik denk dat je gelijk hebt dat zij geen slechte indruk willen maken en dat ze zichzelf zullen verdedigen. We zouden die last voor hen kunnen wegnemen door te zeggen: 'Dit is belangrijke informatie, sorry dat we jullie die niet eerder hebben doen toekomen.' Als wij het enige kantoor zijn dat die informatie geeft, kunnen we een deel van de verantwoordelijkheid op ons nemen en nog altijd een goed figuur slaan.

Baas: Misschien helpt dat. Maar waarom zou ik het doen? Zij zitten in het planningscomité. Ik hoef hun werk niet te doen.

Kim: Natuurlijk hoef je dat niet te doen. Als je besluit dit te doen, is dat omdat je denkt dat het beter is een inspanning te leveren die tot een beter planningsproces leidt, zodat je over de hulpmiddelen kunt beschikken die je nodig hebt om aan de behoeften van je klanten te voldoen. Ik vond dat ik de verplichting had om jou een paar opties voor te leggen. Jij weet beter dan ik welke beslissing je wilt nemen.

Zorg er altijd voor dat wanneer je advies geeft, je de toehoorder niet het gevoel geeft dat je hem vertelt wat hij moet doen. Neem de rol van adviseur aan, die scenario's voorstelt waaruit de persoon die moet beslissen kan kiezen, net zoals raadslieden hun opties aan hun president voorleggen.

Doe iets

Hoe zit het met de evaluatie van de geregelde rapportage vanuit het veld naar het hoofdkantoor, waaruit kan worden afgeleid of het weglaten van informatie kan verklaren waarom het planningscomité zich niet bewust was van de feitelijke situatie aan de basis, waarmee hun plan van 1997 (en hun ontwerpplan van 1998) niet in overeenstemming was? Je kunt je vrijwillig melden voor het ontwerp van zo'n rapport.
Een laatste aspect om in gedachten te houden wanneer je probeert collega's betere praktijken te laten aanleren: je eerste inspanningen zullen hoogstwaarschijnlijk weinig of geen succes hebben. Je zult fouten maken. Je roept misschien een woedeaanval van een collega op. Kortom, je merkt misschien dat sommige dingen die je uitprobeert niet GOED WERKEN. Na zo'n mislukking ben je misschien geneigd het bijltje erbij neer gooien. Een betere benadering is echter de leertechnieken op je eigen doelstellingen toe te passen. Analyseer precies wat je hebt gedaan en wat er is misgegaan. Bedenk een paar dingen om ANDERS TE DOEN wanneer je het opnieuw probeert. Door oefening en evaluatie zul je effectiever worden.

6 Betrokkenheid

Geef iedereen een rol die uitdaagt

Als je naar je collega's kijkt, zul je merken dat sommigen energieker zijn dan anderen. 'Ach, zo is de mens,' zul je misschien zeggen. 'Het is het bekende verhaal van de krekel en de mier. Sommige mensen werken hard, anderen niet. Wat kan ik eraan doen?' Ergens klopt dit wel. Iedere atletiektrainer zal ermee instemmen dat de ene atleet harder traint dan de andere. Een voorman weet uit ervaring dat de ene fabrieksarbeider ijveriger is dan de ander, een bedrijfsleider dat sommige managers doortastender zijn dan andere managers.

Er is echter meer aan de hand. Misschien *zijn* sommige mensen meer geneigd tot hard werken, maar men kan ook waarnemen dat ze op sommige momenten actiever zijn dan op andere. Onder de juiste omstandigheden is ieder van ons productiever.

Alan nam ooit deel aan een vergadering van het managementteam van een Britse brouwerij om het trainingsprogramma van het bedrijf te evalueren en te verbeteren. De bedrijfsleider was tijdens de vergadering met weinig succes de voorzitter. Het ging maar door terwijl er weinig werd bereikt. Toen de bedrijfsleider naar zijn volgende vergadering moest, gaf hij de voorzittershamer over aan de productieleider die de touwtjes in handen nam, de vergadering soepel en effectief leidde, en al snel was alles in kannen en kruiken. Het is verleidelijk de productieleider te feliciteren met zijn prestatie, maar de werkelijke vraag is: als hij zo goed wist wat er moest gebeuren, waarom heeft hij dan niet eerder een steentje bijgedragen?

Als wij eerlijk zijn, moeten we allemaal toegeven dat wij veel

ervaring hebben met het niet-helpen. Ongetwijfeld zijn er momenten geweest dat je achterover in je stoel leunde en de vergadering 'verliet'. Als iemand jou had gevraagd wat de woorden van de laatste spreker waren, zou je daar geen antwoord op kunnen geven. Je was namelijk uit het raam aan het staren. Zoals veel mensen ken jij ook dagen en weken dat je niets te maken wil hebben met een project.
De vraag stellen waarom je niet harder werkt – en wat je daar aan kunt doen – is een goed begin om erachter te komen hoe je anderen kunt aansporen meer energie te steken in de dagelijkse gang van zaken.

Ontwikkel ten eerste een persoonlijke vaardigheid: geef je werk op zo'n manier vorm dat er interessante uitdagingen in voorkomen

Je organisatie beter laten functioneren begint met het zelf beter gaan werken. Nadat je je vaardigheden hebt verbeterd, kun je anderen beter helpen om hetzelfde te doen. Je zult geloofwaardiger overkomen als iemand die anderen goed kan motiveren als jij wordt gezien als een zeer gemotiveerd persoon.

Gegevens: soms houd je je in

Het is natuurlijk mooi als je je altijd volledig inspant. De organisatie is dan productiever. Het vergroot ook je reputatie als een competent en betrokken persoon. Jezelf motiveren is echter een even grote uitdaging als iemand anders motiveren. Toch is het mogelijk.
Om jezelf beter te motiveren, kun je beginnen met te onderzoeken wat jouw betrokkenheid vermindert in die gevallen dat je je nergens toe verplicht voelt.

Diagnose: de manier waarop je je werk omschrijft, beperkt je inspanningen

Iedereen heeft voor zichzelf een omschrijving of verhaal over zijn werk. Maak eens een 'mentale' foto van jezelf aan het werk. Als je er een fotobijschrift bij moest zetten, hoe luidt dat dan? De foto en het bijschrift zijn jouw omschrijving van jouw werk en geeft aan wat jij doet en, impliciet, wat binnen jouw macht ligt en wat niet. In bepaalde mate wordt je omschrijving bepaald door je officiële functieomschrijving, maar daarbuiten heb je een vrij grote vrijheid om het verhaal te kiezen dat je aan jezelf vertelt. Vaak zorgt dit verhaal ervoor dat je niet werkelijk betrokken bent.

'Hier wil ik niet mijn hele leven mee doorbrengen'

Eén reden dat je je niet honderd procent inzet, is dat je niet van je werk houdt. Je dacht dat je uiteindelijk een andere functie zou krijgen. Je kunt genoeg hebben van een baan waar je ooit enthousiast over was. Je wilt misschien iets anders gaan doen. Je zegt tegen jezelf dat dit niet is wat jij behoort te doen en je gaat minder hard werken. Het is helemaal niet verkeerd om te beslissen dat een bepaalde baan niet je levensvervulling is. Te vaak wordt deze beslissing echter gebruikt als excuus. Op zoek gaan naar een andere baan kan een goed begin zijn, maar middelmatig werk verrichten in je huidige baan is dat niet.

'Deze baan benut mijn talenten niet'

Het is moeilijk om geïnteresseerd te zijn in een baan die geen uitdagingen oplevert. Natuurlijk kunnen banen saai zijn. Als jij in jouw werk steeds weer hetzelfde moet doen, kan het werk je zelfs van jezelf vervreemden. Als een robot jouw werk kan doen, kun je zelfs gaan denken dat jij wordt beschouwd als een soort robot.

Indien je een beschrijving van jouw werk accepteert waarin geen intellectuele uitdagingen zijn vervat, is het niet verrassend dat je je ervan afwendt, net zoals een tiener niet wil spelen met kleuterspeelgoed. Toch is het bijna onvermijdelijk dat je een beperkte verantwoordelijkheid accepteert. Waarom niet uitdagend werk op je nemen naast het werk dat je wordt opgedragen? Op de korte termijn is het gemakkelijker om alleen dat te doen wat je wordt opgedragen. Je hoeft minder hard te werken en de kans is kleiner dat je problemen krijgt. Op de lange termijn zul je echter gaan lijden onder de last van een doodsaaie baan.

'Alles wat ik doe, is niet van belang'

Het is niet voldoende dat het werk uitdagend is. Als jouw werk er weinig toe doet, zul je geneigd zijn er niet te veel energie in te steken. Iemand die een memo schrijft die wordt opgeborgen in een bureaulade, werkt met minder ijver dan iemand wiens memo wordt gelezen tijdens de volgende directievergadering. Als jij merkt dat je baan geen verschil uitmaakt, zul jij jezelf niet snel weten te motiveren.

Voorschrift: omschrijf je baan opnieuw en neem er uitdagingen in op om je betrokkenheid te vergroten

Wat de reden ook mag zijn voor je niet-betrokkenheid, het heeft geen zin om te wachten tot iemand anders jou motiveert. Het komt op jezelf aan. Door oefening kun je de gewoonte ontwikkelen om volledig betrokken te raken bij wat je doet als je daarmee bezig bent. Hoe bekwamer je wordt om volledig betrokken te raken – al is het maar kort –, des te productiever en tevredener zul je zijn. Het gaat er niet om dat je jezelf opdraagt om betrokken te raken. Je kunt geen gevoelens op bevel genereren. Je *kunt* echter dingen doen die jouw gevoelens zullen beïnvloeden.

Net zoals een omschrijving – de wijze waarop je denkt over jouw werk – jou kan demotiveren, zo kan een andere omschrijving je werkenergie geven. Hierna volgen enkele aspecten van een omschrijving die jij kunt overnemen.

Verklein je betrokkenheid

Een jonge vrouw studeerde met goede cijfers af in het vak 'creatief schrijven'. Zij droomde ervan romanschrijfster te worden. Om in haar levensonderhoud te voorzien, accepteerde zij een baan als reclametekstschrijfster. Op een avond klaagde zij tegenover haar oom dat zij een slechte prestatiebeoordeling had gekregen. 'Maar wat doet het er toe? Mensen ervan overtuigen om meer waspoeder te kopen, is niet wat ik van plan ben mijn hele leven te doen,' zei ze.

'Als jij er zo over denkt,' antwoordde haar oom, 'is het niet verwonderlijk dat zij je werk niet op prijs stellen. En dat geldt ook voor jezelf. Je hebt mij verteld dat je van plan was er in ieder geval een paar maanden te blijven en dat je in die periode kunt leren zinnen te maken die impact hebben. Je kunt het verschil leren tussen goede en slechte reclameteksten, tussen krachtige en zwakke zinnen. Je zult meer van je werk genieten als je je er enkele uren per dag volledig in stort. En als je dat doet, probeer dan zo goed mogelijk werk te leveren.'

Het was voor de jonge doctoranda niet noodzakelijk om zich ervan te overtuigen dat haar huidige baan niet het doel van haar leven was, maar zij leerde ook om zich ervan te overtuigen dat zij het werk moest zien als het doel van *vandaag*. Door de vraag te veranderen die zij zich had gesteld, maakte zij de baan aantrekkelijker.

In plaats van te vragen: 'Is dit het werk wat ik mijn hele leven wil verrichten?', moet je de vraag stellen: 'Zou het beter voor mij zijn om het komende uur iets anders te doen?' (Indien ja, stop dan en doe het.) Indien het antwoord nee is, dan heb je een goede reden om je uiterste beste te doen. Je geeft niet honderd procent van je tijd noch de rest van je verdere leven. Als je echter met iets bezig bent, zul je daar meer van genieten en meer van terugkrijgen als je er energie in stopt.

Hoe groter je betrokkenheid is, des te moeilijker is het om ergens aan toegewijd te zijn. Het is gemakkelijker om een verplichting aan te gaan als je die opdeelt. Besluit per dag of per uur dat de taak die op je ligt te wachten, de moeite waard is om te verrichten.

Zoek mogelijkheden om je beste vaardigheden te benutten

Het is frustrerend om werk te verrichten dat geen enkele creativiteit vereist. Je baan kan uit taken bestaan die een robot net zo goed kan doen. In tegenstelling tot een robot kan jij echter besluiten meer te doen dan je baan vereist.

Rogers vader, Walter Fisher, vertelde hem ooit dat hij, jaren voordat hij advocaat werd, een baan kreeg in een loodgieterszaak. Walters taak was het controleren van vaten van gietijzeren elleboogpijpen en palen. Omdat hij zich verveelde, begon hij de afgekeurde onderdelen te sorteren op het soort gebrek waarop ze werden afgekeurd. Hij merkte dat de meeste gebreken voorkwamen in de bochten. Hij haastte zich om snel klaar te zijn, zodat hij naar de machine kon gaan die deze onderdelen maakte en hij stelde een verandering voor in het ontwerp van de mallen.

Spijtig genoeg berekende zijn baas dat de kosten om de mallen te verbeteren hoger waren dan de kosten om een jongen te betalen die de afgekeurde onderdelen moest sorteren. Daarna gebruikte Walter zijn vrije tijd aan een andere uitdagende taak: een betere baan vinden. Hij verliet het bedrijf al snel, maar niet voordat hij zijn best had gedaan om een monotone, simpele baan zodanig te veranderen dat het voor hem een uitdaging en voor zijn werkgever profijt opleverde. Een tiener die alleen met kleuterspeelgoed mag spelen, kan besluiten erachter te komen waarom het ene speelgoed meer stimuleert dan het andere.

Het is niet mogelijk om iedere baan leuker en productiever te maken. Soms moet een greppelgraver een greppel graven, maar zelfs dan...

Neem de tijd om een bijdrage te leveren, zelfs als het niet jouw werk is. Een manier om je werkenergie te vergroten is door een collega met een probleem te helpen. Het is een nieuwe uitdaging en je kunt zelfs indruk maken. Je kunt besluiten een nieuwe taak op je te nemen en die taak kan ervoor zorgen dat je meer betrokken en productiever wordt. Een van de beste manieren om de eigen vaardigheden te verbeteren is een ander te helpen zijn vaardigheden te verbeteren. Je kunt enkele van jouw vaardigheden doorgeven aan minder ervaren collega's.

Een staalarbeider in Texas kwam op het idee om een avond per week door te brengen met een nieuwe collega, een immigrant uit China. De Amerikaan hielp hem zijn Engels te verbeteren, vertelde hem alles over de bediening van de machines en hoorde tevens allerlei fascinerende verhalen over het leven in een kleine Chinese stad.

Breid je werk uit door taken te introduceren die nog niet worden gedaan. Stuart werkte in een onderwijscentrum waar docenten materiaal aanleverden dat zij hadden voorbereid en dat daarna beschikbaar werd gemaakt voor andere faculteiten. Jarenlang had het bureau eenvoudigweg het materiaal gekopieerd en verstuurd als erom werd gevraagd. Stuart dacht er veel over na hoe hij het centrum effectiever kon maken. Na overleg met zijn superieuren ging hij actief om materiaal vragen en moedigde hij docenten aan andere stukken te schrijven waar behoefte aan was. Hij maakte en verstuurde catalogi, kocht gepubliceerde boeken van plaatselijke docenten in het groot in en verkocht ze met een redelijke korting. Hij stelde cursussen samen over speciale onderwerpen, ontwikkelde marktstrategieën en plaatste materiaal op Internet. Stuart veranderde het centrum van een gesubsidieerde organisatie in een organisatie die een redelijke winst maakte. Hij werd al snel benoemd tot directeur. Hij is nu uitgeleend om nog uitdagender werk te doen.

Iedere baan heeft taken die moeten worden uitgevoerd. Slechts zelden, indien ooit, leggen functieomschrijvingen grenzen op. De gemakkelijkste manier om een baan uitdagender te maken is erover na te denken welke dingen je kunt doen die goed zijn voor de organisatie *en* jezelf.

Je bent misschien bang dat je moeilijkheden zult krijgen als je iets doet dat buiten je officiële functieomschrijving valt. Er zijn risico's aan verbonden om op iemand anders werkterrein te komen. Je kunt echter een nog groter risico lopen door geen hand uit te steken. Een jonge vrouw in Boston, die psychologe wilde worden, werkte als lerares op een jeugdafdeling van een psychiatrisch ziekenhuis. De haar toevertrouwde kinderen waren vaak onhandelbaar. De twee psychologen die verantwoordelijk waren voor de afdeling, bleven achter hun bureau zitten en deden hun papierwerk, terwijl zij probeerde de kinderen te kalmeren. De psychologen zeiden dat het niet hun werk was om dergelijk crises op te lossen. Dit ging zo door totdat het ziekenhuis werd overgenomen door een grote medische instelling die de staf wilde verkleinen. De nieuwe ziekenhuisdirecteur liep een keer over de jeugdafdeling en zag hoe de lerares heldhaftig probeerde een geweldsuitbarsting te smoren, terwijl de twee psychologen in hun kantoor bleven zitten. Hij liep hun kamer binnen en vertelde ze dat ze waren ontslagen.

Stel eens voor dat jij een manager bent die twintig procent van het personeel van jouw afdeling moet ontslaan. Je moet beslissen wie je zult ontslaan: de mensen die een oog hebben voor de dingen die moeten gebeuren of de mensen die alleen doen wat ze wordt opgedragen. Welke handelwijze is in feite voor de werknemers veiliger?

Verhelder ten tweede een visie om gezamenlijk deze vaardigheid te gebruiken: iedereen raakt volledig betrokken

De manier waarop je zelf soms verslapt kun je ook zien bij anderen. Het kunnen enkele individuen zijn die zich buitengesloten voelen, een hele afdeling of zelfs alle arbeiders op de werkvloer in de fabriek.

Voordat je kunt beslissen hoe je de betrokkenheid moet vergroten, is het zaak uit te zoeken waarom zoveel mensen op dit moment geen verplichtingen voelen.

Probleem: hoe meer mensen samenwerken, des te groter is het risico van ongebondenheid

Als je alleen bent, sta je voor het probleem hoe je weer verbonden kunt raken met datgene wat je doet. Als een grote groep samenwerkt, ligt de zaak gecompliceerder. Enkele redenen waarom mensen niet betrokken zijn, zijn dezelfde die je ervaart als je alleen werkt: het werk is niet uitdagend of het lijkt er niet toe te doen hoe goed je het doet. Andere redenen komen voort uit het gevoel van een verminderde urgentie die mensen in een menigte ervaren.

Sommigen voelen zich buitengesloten

Het woord 'betrokkenheid' wordt in twee betekenissen gebruikt. Het kan eenvoudigweg betekenen participeren in een bepaalde activiteit of het kan verwijzen naar een emotionele betrokkenheid bij een doel, een opdracht, een idee. De twee betekenissen zijn nauw met elkaar verbonden. Samen met anderen deelnemen aan een activiteit – hetzij vechten in een oorlog hetzij een schutting schilderen – levert een gevoel van betrokkenheid op. Wordt iemand uitgesloten van een activiteit, met name van iets wat interessant of belangrijk is, dan ontstaat een gevoel van vervreemding.

De belangrijkste activiteit om betrokkenheid te genereren is mensen hun eigen werk laten plannen. Een grote bron van frustratie is het gevoel te hebben de controle te hebben verloren. De uitvoering van de gedetailleerde instructies van iemand anders geeft zelden evenveel voldoening als afgaan op het eigen oordeel. Als mensen denken dat ze alleen bevelen mogen en kunnen opvolgen, zullen zij minder verantwoordelijkheid voelen. 'Laat de baas zich daar maar druk over maken.' Je onttrekken aan het werk leidt tot slechte prestaties en zal de weerzin vergroten voor datgene waar je mee bezig bent.

We laten de verantwoordelijkheid aan anderen over

Eén manier waarop het werken in een groep verschilt van alleen werken, is dat wij erop vertrouwen dat anderen een bepaalde taak zullen uitvoeren. Het meest opgemerkte aspect van groepsgedrag is een afgenomen gevoel van persoonlijke verantwoordelijkheid. Hoe groter de groep, des te minder verantwoordelijk iedereen zich voelt. Je verzorgt je eigen zaakjes en je gaat ervan uit dat iemand anders al het andere werk doet dat moet gebeuren.

Medisch onderzoek heeft aangetoond dat je een grotere kans hebt een hartaanval te overleven indien slechts één persoon bij je is in plaats van een groot aantal mensen. In een menigte

verwacht iedereen dat iemand anders wel zal helpen, misschien omdat iedereen ervan uitgaat dat die ander beter gekwalificeerd is. Als niemand helpt, denkt iedereen dat er geen probleem is. Dezelfde reactie vindt plaats in een organisatie. Iedereen blijft zitten, doet niets en kijkt toe hoe een groep steeds slechter functioneert.
Om dit probleem te omzeilen wijzen organisaties verschillende taken toe aan verschillende mensen. Jammer genoeg creëert de manier waarop wij taken toewijzen vaak evenveel problemen als dat er worden opgelost.

Wij verdelen het werk slecht

Vaak worden taken op willekeurige wijze toegewezen. Een manager beseft dat hij iets moet doen aan de openstaande rekeningen. Terwijl hij daarover zit te peinzen, komt een ondergeschikte zijn kantoor binnen om over een ander probleem te praten. Het is niet moeilijk te raden wie de nieuwe taak krijgt toegewezen.
Dergelijke werkopdrachten worden niet echt toevallig toegewezen. In feite speelt hier namelijk een impliciet criterium mee: 'Geef de taak aan degene die het dichtstbij is als het onderwerp ter sprake komt.' Door een dergelijk impliciet criterium aan het licht te brengen, ontdekken we dat het waarschijnlijk niet het beste criterium is om taken toe te wijzen. Vaak maken wij gebruik van even zwakke criteria:

- Geef nog een taak aan degene die het hardst werkt.
- Geef een taak aan degene die het minst zal klagen.
- Geef aan taak aan degene die het prettigste gezelschap vormt (of indien de taak ergens anders moet worden uitgevoerd, aan degene die het minst aangename gezelschap is).

Deze criteria schaden het individu en de organisatie. Ze zorgen voor een slechte arbeidsverdeling, omdat ze niets te maken hebben met de maximalisatie van de output van de groep of het laten aansluiten van taken op persoonlijke vaardigheden en interesses. Ze bevorderen tegendraads gedrag, zoals

gezeur en de weigering van nieuwe opdrachten. Degenen die weigeren wordt toegestaan om het op de korte termijn rustig aan te doen. Op de lange termijn missen zij de kans om hun vaardigheden te vergroten en zich te bewijzen.
Een ander gebruikelijk criterium klinkt beter dan het is: 'Geef iedere taak aan de persoon die daar het meest bekwaam voor is.' Te veel werk kan op de schrijftafel belanden van iemand die zeer bekwaam is. In het Harvard Negotiation Project is adjunct-directeur Bruce Patton zo iemand. Hij is een begaafd schrijver en docent. Slechts enkele mensen in de wereld bezitten zijn kennis over de theorie van het onderhandelen. Toch kan hij zich niet volledig richten op deze talenten, omdat hij op de afdeling de persoon is die het meeste weet van computers en boekhouden, en bovendien de persoon die het best kan onderhandelen met de bureaucraten van de universiteit. Anderen zouden deze taken ook kunnen verrichten, en misschien wel even goed. Omdat Bruce echter zo goed is in het administratieve werk, besteedt hij minder aandacht aan de belangrijke taken waarin hij zo capabel is. Deze fout ontstaat doordat wij de taken vaak slecht verdelen.

Visie: iedereen, of bijna iedereen, is volledig betrokken

Idealiter zou je willen dat iedereen in de organisatie naar zijn volle vermogen werkt. Iedereen zou een baan moeten hebben die hij belangrijk en interessant vindt en waar hij al zijn talenten en energie voor moet gebruiken om alles goed te doen. Hoewel wij nooit het ideaal van een totale betrokkenheid van iedereen kunnen bereiken, is het toch nuttig om situaties te identificeren die een grotere verplichting opleggen. Welke procedures kunnen wij overnemen om een dergelijke situatie te bevorderen?

Doe je best om iedereen een aantrekkelijke rol toe te delen

Het is gemakkelijker om je aan de ene taak te wijden dan aan de andere. De uitdaging om een groep te organiseren is de rollen zodanig te verdelen dat iedereen een maximale voldoening uit zijn werk put.

Wij hebben allemaal emotionele belangen bij ons werk. Mensen zullen zich aan hun werk wijden in een zodanige mate dat het tegemoet komt aan hun emotionele belangen. De eerste stap is om te inventariseren wat deze belangen zijn.

Respect

Hoe wij door onze collega's worden gezien beïnvloedt hoe wij onszelf beschouwen. Indien ieder van ons vindt dat ons werk respect verdient, zullen wij gelukkiger zijn en harder werken.

Autonomie

Als wij kunnen kiezen hoe wij onze verantwoordelijkheden invullen, zullen wij een grotere verplichting voelen om onze taken goed uit te voeren.

Impact

Wij willen weten of onze inspanningen resultaat opleveren. Het geeft voldoening als wij de producten van onze inspanningen kunnen zien, aanraken, meten of tellen.

Probeer tegemoet te komen aan deze emotionele belangen. Indien iemand in zichzelf gekeerd blijft, komt dat vaak door het gevoel dat hij niets te bieden heeft of dat de groep zijn bijdrage niet nodig heeft. Door zich te onttrekken aan het werk wordt de tendens om hem erbuiten te houden bij anderen vergroot. De uitdaging voor een leider (of iemand die lateraal leiding geeft) is een taak te vinden die deze persoon goed kan vervullen en een taak aan de groep voor te stellen die deze vaardigheid behoeft.
De stafchef van een West-Afrikaans land nam deel aan een cursus 'onderhandelen' van de Harvard Law School. Hij was er buitengewoon bedreven in om zijn medestudenten een actieve rol te laten spelen in de discussies. De docenten, onder de indruk van zijn vermogen om participatie te bewerkstelligen, vroegen hem hoe hij dat deed. Hij zei: 'Indien een van mijn soldaten weinig werk verricht en niet geliefd is bij zijn kame-

raden, is dat een probleem. Alles gaat opeens trager en het moreel van de compagnie wordt ondermijnd. Ik zoek dan een speciale taak voor hem. Indien hij een goede hardloper is, laat ik hem een belangrijke boodschap brengen naar een andere legerbasis. Indien hij een musicus is, vertel ik de troepen dat zij een nieuw lied moeten maken voor een aanstaande nationale feestdag. Als de troepen zien dat hij zijn nut heeft, worden ze vriendelijker. Al snel werkt hij dan even hard als iedereen. Tijdens deze cursus let ik erop welke onderwerpen de mensen interesseren. Ik constateer wanneer zij rechtop gaan zitten en geïnteresseerd zijn. Daarna vraag ik de zwijgzamen om daar dan iets over te zeggen.'

Een leider is niet de enige persoon die een manier kan vinden om een geïsoleerd groepslid in de groep te integreren. In het leger van zijn land bezat de stafchef die macht. Deze autoriteit had hij echter niet in het klaslokaal. Desondanks was hij er even handig in om verlegen deelnemers een bijdrage te doen leveren.

Bijna iedereen kan iets nuttigs doen. Het is niet nodig om veel tijd en energie te verspillen met het doel mensen zich belangrijk te laten voelen. Meestal hoeft men slechts even na te denken om iets te vinden wat moet gebeuren, wat een 'outsider' kan doen. In feite is het gemakkelijk een gerespecteerde en interessante taak te vinden waardoor mensen een goede bijdrage leveren. (Ieder hoofdstuk van dit boek geeft een aantal van zulke ideeën.)

Veronderstel dat het geven van ideeën de taak van iedereen is

Je kunt iedereen uitnodigen deel te nemen aan de formulering van doelen, om mee te denken en om te leren van het gemeenschappelijke werk. Indien je de voorafgaande hoofdstukken hebt gelezen, weet je dat dit advies niet nieuw is. Het is echter belangrijk om het te herhalen. Door iedereen te laten deelnemen aan het denkproces, wordt de kwaliteit van het denkproces vergroot. Door een groter aanbod van ideeën is de kans groter dat je op een goed idee stuit. Bovendien wordt iedereen zo met respect benaderd. Collega's weten dan dat hun gedachten worden gewaardeerd. Het is aannemelijk dat zij hun

uiterste best doen als hun werk een beroep doet op hun persoonlijke talenten, met name op hun vermogen om mee te denken en oordelen te geven.
Mensen zullen zich betrokken voelen bij doelen die zij mee hebben helpen formuleren. Nadat zij een bijdrage hebben geleverd aan de formulering van een doel zullen slechts enkelen beweren dat het doel niet goed is. Iedereen raakt betrokken bij een plan wanneer hij of zij een bijdrage heeft geleverd aan de formulering van het plan. Teamleden zullen een nieuwe gang van zaken eerder accepteren wanneer zij hebben deelgenomen aan de vergadering waarin de werkprestaties zijn geëvalueerd en veranderingen voorgesteld. Een van de beste aspecten van het advies van dit boek over de formulering van doelen, over het systematisch doordenken en het leren uit ervaringen, is dat het een raamwerk biedt om iedereen uit te nodigen hun ideeën tentoon te spreiden. En dit gebeurt zonder dat de beslissingsbevoegdheid wordt weggenomen van de daarvoor aangestelde managers.
De trainer van een professionele voetbalclub vond dat zijn spelers niet voldoende nadachten over het spel. Zij reageerden in het veld altijd traag op een onverwachte strategie of tactiek van de tegenstander. De sterspeler van het elftal was degene die zijn strategische denken het meest moest verbeteren. Het belangrijkste doel in zijn leven was het scoren van zoveel mogelijk doelpunten. Hij richtte zich niet op de spelverdeling of de verdediging. Hij was meer bezig met zijn positie op de topscorerslijst dan met de verhoging van het succes van het elftal. De trainer besloot de vedette en de andere spelers meer te betrekken in de voorbereiding van de wedstrijden. De volgende dag verdeelde hij tijdens de training de spelers in groepjes. Hij gaf iedere groep een bal en zei dat ze hun eigen training moesten samenstellen. Zij reageerden meteen met tegenzin. De sterspeler was niet onder de indruk, maar begon te trainen met drie, vier spelers. Enkele minuten later keek de trainer hoe ze het deden. Ze gingen volledig op in de oefening van een nieuwe techniek. De 'tegenstribbelende vedette' was zeer enthousiast, gaf suggesties aan zijn collega's en moedigde hen aan. De volgende wedstrijden bleek hij een veel betere teamspeler te zijn, zonder dat hij zijn vermogen verloor om te scoren.

Deel verantwoordelijkheid bij de werkverdeling

Je kunt de houding van iedereen verbeteren door elk te laten deelnemen aan de verdeling van het werk. Niemand wordt buitengesloten om zich alleen druk te maken over zijn eigen werk. Iedereen is lid van een team dat samenwerkt om dingen gedaan te krijgen.

Vraag iedereen informatie bij te dragen. Iedereen weet het best welke vaardigheden hij of zij bezit. Iedereen weet wat voor soort werk het meest stimulerend is. Taken toewijzen is een informele onderhandeling waarbij voor iedere taak ervan wordt uitgegaan van het feit dat deze wordt gegeven aan degene met de vereiste vaardigheden, aan degene voor wie de taak een uitdaging vormt en aan degene die de grootste inzet toont. Door aanwezig te zijn bij de verdeling van de taken kunnen collega's vragen stellen, hun ideeën opperen en zich aanbieden voor wat zij graag willen doen.

Maak een lijst van de taken en verdeel ze daarna. Om er zeker van te zijn dat alles wordt gedaan wat moet worden gedaan, moet voor iedere taak iemand verantwoordelijk zijn. Deze persoon hoeft niet de autoriteit of de middelen te hebben om het werk alleen te verrichten, maar nu is het zijn taak om alles in het werk te stellen dat het gebeurt.
Een routinehandeling is een lijst opstellen van onze doelen – langetermijndoelen en de resultaten die wij willen bereiken – en van de taken die nodig zijn om ze te bereiken. Daarna zorgen wij ervoor dat iedereen een taak heeft en dat voor iedere taak iemand verantwoordelijk is.

Formuleer het succes van het hele project als de verantwoordelijkheid van iedereen. Er zijn slechts weinig zinnen bedreigender voor de toekomst van een organisatie dan: 'Dat is niet *mijn* taak.' Het risico van een heldere verdeling van verantwoordelijkheden is dat mensen alle andere taken niet als hun verantwoordelijkheid beschouwen. Een eerste planningsvergadering zal nooit iedere taak traceren die noodzakelijk is. Nieuwe vragen en problemen zullen oprijzen. Het is belangrijk om duidelijk te maken dat iedereen de verantwoordelijkheid draagt om de doelen van de organisatie te bereiken. De taakverdeling vormt het begin van verantwoordelijkheid, niet het einde.

Gebruik betere criteria om te beslissen wie wat moet doen

Een risico om mensen input te geven in de taakverdeling, is dat zij proberen taken te krijgen die hen het beste uitkomen, maar niet de organisatie ervan. Wat te doen als iedereen mee wil denken over de langetermijnplanning, maar niemand de vuilnis buiten wil zetten? Of als iedereen nieuwe klanten wil inpalmen, maar niemand de klachten wil behandelen van de oude klanten?

Input vragen hoeft als routinehandeling de beslissingsbevoegdheid niet uit te schakelen. Personeelsleden krijgen de mogelijkheid aangeboden om suggesties te geven, maar uiteindelijk behoudt de leiding de autoriteit om te handelen in het belang van de organisatie. Zij hebben louter een groter aantal ideeën gekregen om uit te kiezen.

Wanneer mensen daarnaast de criteria begrijpen waarmee beslissingen worden genomen zullen zij daar rekening mee houden. Als het Harvard Negotiation Project cursussen organiseert wordt een groep rechtenstudenten ingehuurd als assistent. Zij werken met z'n tweeën. De cursusleiders hebben dan de taak om paren uit te zoeken die productief zullen samenwerken. De studenten willen aanvankelijk altijd met een vriend samenwerken. De faculteit geeft criteria die tegemoet komen aan de eisen van het programma – een evenwichtige verdeling van ervaring, complementaire werkstijlen, enige zorg voor diversiteit – en vraagt dan aan de studenten om zelf partners aan te geven. Steeds weer maken de assistenten een keuze die tegemoet komt aan de belangen van de organisatie. De uiteindelijke beslissingen zijn goed, soms zelfs beter dan de keuze die de faculteit zou hebben gemaakt. Ook heeft iedere assistent nu het tevreden gevoel zelf een partner te hebben gekozen en de voldoening gekozen te zijn. Op dezelfde manier hebben personeelsleden het gevoel dat zij hun eigen taken hebben gekozen indien zij, binnen het kader van goedgekozen criteria, hebben meegedacht over de taakverdeling. Het resultaat is een grotere toewijding aan het werk dat op hen wacht. Voor iedere organisatie zijn verschillende criteria nodig om het werk te verdelen. De volgende richtlijnen bieden een goed uitgangspunt hiervoor.

Zorg dat de taak kan worden verricht door de kleinst mogelijke groep. De middelen zullen het meest efficiënt worden gebruikt als iedere taak wordt toegewezen aan een kleine groep. De groep dient zo klein te zijn dat de leden hard moeten werken.

Delegeer werk naar het laagste niveau dat competent genoeg is om het te doen. De dagelijkse verantwoordelijkheid voor het werk – bijvoorbeeld een bepaalde klant tevreden houden – blijft vaak liggen bij de persoon die er uiteindelijk verantwoordelijk voor is. Over het algemeen is het een goed idee een taak naar beneden te delegeren. Delegeren betekent niet dat de ander nu zelf alle beslissingen kan nemen wat betreft deze taak. Nee, de ander heeft nu de taak om verder te werken totdat begeleiding of bevoegdheid noodzakelijk wordt en hij om deze begeleiding of bevoegdheid moet vragen. De hoeveelheid instructies die men geeft als een taak wordt gedelegeerd hangt af van de competentie van de ander. Indien de persoon voldoende kennis heeft om de taak te voltooien, is het niet noodzakelijk veel gedetailleerde instructies te geven. Maak duidelijk wat het resultaat moet zijn en laat de rest over aan de ondergeschikte.

Geef iedere persoon de belangrijkste taak waartoe hij in staat is. Iedereen de taak geven waarvoor hij het meest geschikt is, kan ertoe leiden dat iemand te veel werk krijgt, terwijl hij eigenlijk belangrijkere taken kan verrichten. Een betere benadering is de maximalisatie van de bijdrage van iedereen door allemaal de belangrijkste taak te geven die zij aankunnen.
Het is niet altijd mogelijk deze richtlijnen te volgen. Een groep kan slechts één iemand nodig hebben om met een klant te onderhandelen, terwijl er drie mensen zijn voor wie dat de belangrijkste taak is die zij zouden kunnen verrichten. Indien

het echter mogelijk is deze richtlijnen op te volgen zullen ze waarschijnlijk betere resultaten opleveren.

Geef vervolgens leiding: creëer een sfeer die betrokkenheid opwekt

Een taak die je op je kunt nemen, is de verbetering van de samenwerking

De auteurs stellen voor om iedereen een taak te geven die hij uitdagend of opwindend vindt en die respect oproept. Hier volgt een taak voor de lezer: neem de taak op je om de manier te vinden waardoor de mensen in jouw organisatie beter gaan samenwerken. Verveeld? Deze opdracht kan verfrissend en opwindend zijn. Vrees je dat jouw werk er niet toe doet? Indien je de manier kunt verbeteren waarop de groepsleden met elkaar omgaan, kun je de belangrijkste persoon van het bedrijf worden. Je zou ermee kunnen beginnen gewoontes te promoten die leiden tot meer energieke en geëngageerde prestaties van je collega's.

Maak een analyse: de huidige rollen beperken de verantwoordelijkheid

Denk opnieuw aan het apathische voetbalteam. Stel dat de trainer niet gewerkt had aan de stimulering van de betrokkenheid. Indien je een normale speler bent zonder grote invloed – stel een reserveback –, is er dan iets dat jij zou kunnen inbrengen? Je kunt naar de trainer gaan en je ideeën verwoorden – een analyse – waarom het team zo miserabel presteert.

Jij: Heb je een moment? Ik zou je iets willen zeggen. Na onze laatste wedstrijd heb je tegen ons gezegd dat de jongens niet strategisch meedenken op het veld.

Trainer: Doe jij dat dan soms? Je probeert zeker een plaats in de basisopstelling te krijgen, of niet soms?

Jij: Natuurlijk, maar niet nu. Ik probeer erachter te komen

waarom wij niet nadenken tijdens de wedstrijd. Ik heb het idee dat jij voor en na iedere wedstrijd het denkwerk voor ons doet. Je analyseert de video's en vertelt ons wat je hebt gezien. Je bedenkt de trainingsoefeningen. Wij hoeven over niets na te denken. Als wij het tijdens de wedstrijd niet meer weten, zijn we gewend om alles aan jou over te laten.

Trainer: Daar zit wat in.

Jij: Misschien heb je nog een andere verklaring? Er kan ook iets anders aan de hand zijn.

Met wat geluk zal de trainer gaan nadenken over manieren om de analyse verder uit te werken zonder een verdere bijdrage van jou. Als hem dat niet lukt kun je hem verder op weg helpen.

Vraag om advies: 'Hoe kunnen wij hen beter laten nadenken?'

Als je naar de trainer gaat en hem vertelt wat de beste koers is om te volgen, kan hij snel vinden dat jij buiten je boekje treedt. Als hij zich er dan op concentreert om jou weer op je plaats te zetten, verlies je de kans om het team te verbeteren. In plaats van de trainer te vertellen wat hij moet doen, presenteer je je als een loyale ondergeschikte die aan zijn meerdere om advies vraagt.

Jij: Ik weet dat je ons probeert duidelijk te maken dat wij meer moeten nadenken tijdens de wedstrijd. Ik neem aan dat je zult beginnen met manieren om ons te laten nadenken als wij *niet* op het veld staan. Wat zouden wij kunnen doen om onze hersenen beter te laten werken?

Trainer: Ik kan me voorstellen dat ik iedere speler een videoband van de wedstrijd geef om te bekijken voordat wij de nabespreking houden. Denk jij dat de jongens daar dan werkelijk naar zullen kijken?

Jij: Ik zou dat wel doen. Ik denk dat iedereen het zou doen als jij hun zou vertellen waarom het een goed idee is. Zijn er misschien ook andere dingen die wij kunnen doen?

Trainer: Hm, na de training kunnen we hun vragen hun mening te geven over de wedstrijd, voordat ik mijn mening geef.

Jij: Als wij de kans krijgen om iets te zeggen, zal ik proberen nooit meer de nabespreking van de wedstrijd te missen. Te gek! Ik zal je tijd nu niet verder in beslag nemen.

Trainer: Geen probleem.

Indien je eerst een vraag stelt en de trainer heeft geen antwoord klaar, kun jij je mening geven. Heeft hij echter een mening en ben jij het daar niet mee eens, dan kun jij een ander idee opperen. Laat de beslissing aan hem over. Jij gaat naar de training en laat hem beslissen.

Doe iets: raadpleeg iemand voordat je een beslissing neemt

Enkele jaren geleden kreeg een Britse olietanker motorpech in de Perzische Golf en er waren geen reserveonderdelen aanwezig; de kapitein had daar feitelijk wel voor moeten zorgen. Om Londen een telegram te sturen en het onderdeel te laten overvliegen zou duur, tijdrovend en vooral beschamend zijn. Wanhopig riep de kapitein een aantal ondergeschikten bij elkaar en legde ze de situatie voor. De marconist, van wie de kapitein niets verwachtte, vertelde de groep dat een bemanningslid zojuist een boodschap had ontvangen van zijn broer die aan boord was van de andere olietanker van de maatschappij. Door een onverwachte verandering in de plannen was die in de buurt. De kapitein telegrafeerde meteen zijn collega-kapitein die bevestigde dat hij het reserveonderdeel aan boord had. Zij kwamen een rendez-vous overeen.
Door anderen uit te nodigen hun advies te geven wordt ervoor gezorgd dat zij zich gewaardeerd en gerespecteerd voelen en daardoor zullen zij effectiever werken. Natuurlijk is een andere reden om advies te vragen het feit dat je goede tips krijgt.

Ontdek iets bruikbaars in hun bijdrage

Wij weten allemaal hoe gemakkelijk het is om het voorstel van iemand anders af te wijzen. Dat is dan wel een zekere manier om ervoor te zorgen dat de ander ermee stopt een bijdrage te leveren. Ga er in plaats daarvan van uit dat zij dachten dat hun idee bruikbaar was. Indien jij niet inziet wat er bruikbaar aan is, vraag ze dan om uitleg.

Het is jouw tijd waard. Toen Caroline, Rogers echtgenote, had toegezegd dat hij naar een diner zou komen waar hij geen trek in had, herhaalde hij een van zijn favoriete slogans: 'RVTB, Raadpleeg Voor Te Beslissen.' Na een korte pauze antwoordde zij: 'Dat betekent NWIG, Nooit Wordt Iets Gedaan.' Anderen ergens bij betrekken kost tijd. En er zijn momenten dat je geen tijd hebt. Als de keuken in brand staat, roep dan niet het gezin bij elkaar om ideeën te spuien. De meeste situaties zijn echter niet van dien aard. Tijd investeren om anderen bij het werk te betrekken, leidt er vaak toe dat men beter gaat werken, met meer overgave en meer succes. Uiteindelijk zul je waarschijnlijk ook tijd kunnen besparen.

Door advies te vragen maak je een competente indruk. Je kunt terughoudend zijn om anderen om advies te vragen omdat je vreest dat je anders een slechte indruk maakt. Een manager kan terughoudend zijn om ondergeschikten om hun mening te vragen omdat hij vreest dat hij hierdoor hun vertrouwen verliest. Ruig individualisme dat met een bepaald romantisch beeld wordt geassocieerd speelt hierbij mee. Filmhelden zijn vaak eenlingen. Door hulp te vragen kunnen wij deze heldenrol verliezen.

Als je echter denkt aan de momenten dat iemand jou om advies heeft gevraagd, besef je waarschijnlijk dat je niet jouw respect voor hem hebt verloren. Integendeel. Vrij snel nadat Edward M. Kennedy voor de eerste keer tot senator was gekozen, vroeg hij zijn tegenkandidaat om hem de namen te geven van de leden van zijn 'denktank'. Toen hij door een sneeuwstorm een keer in februari in Boston vastzat, belde Kennedy een van deze professoren en vroeg of hij langs kon komen om een uurtje ideeën uit te wisselen. Toen de senator in Harvard arriveerde, besefte hij dat hij niet wist wat de specialisatie van de professor was. Niet uit het veld geslagen was de eerste vraag van de senator: 'Wat zouden goede vragen zijn om u te vragen?' De senator stelde zich niet ondergeschikt ten opzichte van de professor op. (Roger bleef achter met het gevoel dat Kennedy een slimme man was.) De meeste mensen zijn zo. Wij willen niet graag worden gezien als iemand die hulp nodig heeft, maar wij willen wel worden gezien als iemand die kan helpen.

Laat ze het niet overnemen. Je kunt aarzelen om anderen bij de activiteiten te betrekken, omdat je vreest dat zij zullen verwachten dat hun ideeën automatisch worden overgenomen. Als je je moeder naar haar gedachten vraagt over hoe jij je bruiloft moet plannen, zal zij jou precies vertellen wat te doen en ze zal ontsteld zijn als jij haar advies niet letterlijk opvolgt. Indien je een collega om advies vraagt, kun jij in een gelijksoortige situatie belanden. Een verzoek om advies kan makkelijk verkeerd worden geïnterpreteerd als een overdracht van autoriteit. Het helpt om duidelijk te maken wat voor soort respons je zoekt.

Er is veel wat je niet weet. Wij weten nooit hoeveel wij niet weten. De kapitein van de olietanker kon niet weten wat de marconist wel wist. Wij hebben allemaal veronderstellingen over de bijdrage die anderen kunnen leveren. En vaak hebben wij het mis.

De voorzitter van een Canadees conglomeraat, die snel promotie had gemaakt binnen het bedrijf, merkte op dat een van de belangrijkste lessen die moest worden geleerd was dat hij geen voorzitter was omdat hij de antwoorden wist, maar omdat hij wist hoe hij ze moest vinden en omdat hij het beoordelingsvermogen bezat om de goede antwoorden te onderscheiden van de slechte. Naarmate hij steeds meer opklom in het bedrijf, zo zei hij, was zijn baan veranderd van het vertellen aan ondergeschikten wat ze moesten doen in het vragen aan hen wat er gedaan moest worden.

Net als andere methodes om betrokkenheid te vergroten, beoogt 'raadplegen voor te beslissen' twee doelen. Wij maken gebruik van een groter arsenaal aan ideeën en talent en het bevordert betrokkenheid en de toewijding van degenen die wij raadplegen om hun ideeën.

7 Feedback

Spreek waardering uit: geef advies

Wat wij kunnen bereiken, hangt af van de wijze waarop wij gebruik maken van de hulpmiddelen die ons ter beschikking staan. Als wij met anderen werken, hebben wij een fantastische mogelijkheid om elkaars vaardigheden te helpen verbeteren en zo onze hulpmiddelen uit te breiden. Wij kunnen de prestaties van anderen veel beter vaststellen dan dat wij onze eigen prestaties kunnen beoordelen. Een honkballer kan niet zien hoe hij de bal raakt – met name omdat hij zich concentreert op de werper – en daarom moet een collega hem attenderen op eventuele fouten in zijn manier van slaan. Bovendien draagt iedereen ook zijn eigen vaardigheden en ervaring bij aan ons gezamenlijke werk. Ieder van ons kan een goed advies geven waar de anderen niet aan hebben gedacht.

De effectiviteit van de wederzijdse feedback vergroten kan leiden tot een grote impact op de productiviteit en doeltreffendheid. Ook kun je anderen aanmoedigen feedback te geven (en te ontvangen) door zelf een betere prestatie te leveren, door betere gewoontes en houdingen voor te stellen bij je collega's en door ervoor te zorgen dat deze visie concreet wordt.

Ontwikkel ten eerste een persoonlijke vaardigheid: leer onderbouwende feedback te geven

Probleem: we laten het na onze collega's te helpen als wij daar de mogelijkheid voor hebben

Gezien de voordelen van een feedback-uitwisseling, zouden wij dat eigenlijk altijd moeten doen, maar wij weten ook dat dit niet altijd het geval is. Als rechtenstudenten terugkomen op de universiteit na een zomer te hebben gewerkt op een groot kantoor, is hun meest gehoorde klacht dat er weinig begeleiding of feedback was. Deze verhalen hoort men ook van junior consultants, investeringsbankiers, verkoopvertegenwoordigers, managers. In organisaties klaagt het hogere kader vaak dat ondergeschikten hun harde werk niet opmerken of waarderen.
Wij weten allemaal waarschijnlijk waarom dit zo is; we nemen zelf ook slechts zelden de tijd om iemand anders een betere prestatie te laten leveren. Wij kijken naar een collega of een baas en denken: Hij begaat een grote fout. Wij zeggen daar echter niets over. Wij wijzen niet op fouten (of goede verrichtingen). Wij denken er misschien over iets te zeggen; wij hebben dat zelfs op de lijst van dingen geplaatst die wij moeten doen, maar dagenlang blijft het daarbij. Er is altijd wel iets wat eerst moet gebeuren. Het gevolg is dat anderen niet veel leren of weinig ondersteuning van ons krijgen. Waarom is dit zo?

Diagnose: wij vermijden feedback te geven, omdat wij de vaardigheid missen dat goed te doen

Waarschijnlijk is het geen luiheid waarom je vermijdt om collega's te helpen; misschien heb je het ooit geprobeerd, maar kreeg je lik op stuk. Misschien werd je collega kwaad; misschien was zijn reactie jou te wijzen op jouw tekortkomingen. En nu handhaven jullie een 'wapenstilstand' en brengen jullie beiden geen onderwerpen meer ter sprake die de ander kunnen verontrusten.

Indien je probeert je vaardigheid te verbeteren om feedback te geven, is het eerste probleem dat je je doel niet helder voor ogen hebt. Veronderstel dat je een collega, een assistent of een meerdere aan het werk hebt gezien. Je overweegt om hem daarover aan te spreken. Met welk doel? Om hun moreel te verhogen? Om een of andere vergissing aan te wijzen? Om een succesje te behalen? Om goed gedrag te belonen? Om een voortgangsrapport te maken?
Normaal is te reageren door kritiek te leveren. Je weet uit ervaring dat zoiets niet goed wordt ontvangen. Daarom probeer je 'opbouwende kritiek' te geven. Het gaat echter niet om een onderscheid tussen 'opbouwend' en 'afbrekend'. Het is de veronderstelling dat je doel 'kritiek geven is' dat moet worden geanalyseerd. Een 'criticus' is iemand die films of restaurants beoordeelt, iemand die prijst of afkraakt en zich dan richt op het volgende onderwerp. Een criticus helpt anderen om te besluiten wel of niet naar een bepaalde film te gaan, maar jij 'richt je niet op het volgende onderwerp'. Jij blijft samenwerken met je assistent, je collega of je meerdere. Je kunt niet eenvoudigweg besluiten om niet meer met hen samen te werken. Integendeel, je wilt de manier verbeteren waarop zij hun werk verrichten.

Voorschrift: maak een onderscheid tussen waardering, advies en evaluatie

Je wilt feedback geven die jou en je collega's helpt om meer werk gedaan te krijgen. Er zijn minstens drie verschillende strategieën om dat te bereiken. Afhankelijk van het doel dat je voor ogen hebt, dien je feedback op verschillende wijze te geven:

Om degenen die feedback krijgen aan te moedigen en hun moreel te verbeteren

Jouw doel is in dit geval de gevoelens van je collega's betreffende hun werk te beïnvloeden; om ervoor te zorgen dat zij hard zullen werken. Je wilt dat zij het zelfvertrouwen bezitten om een moeilijke opdracht te vervullen. Je wilt dat zij iedere dag enthousiast naar het werk komen. Je wilt dat zij zich tevreden voelen omdat anderen hun werk hebben opgemerkt. Zij zullen dan harder werken en het is dan waarschijnlijker dat zij bij de organisatie zullen blijven en beter werk verrichten.

Om hen te helpen hun vaardigheden te verbeteren

In dit geval is het jouw doel je collega's te helpen een betere prestatie te leveren. Je wilt dat zij leren van hun ervaringen – hun en jouw ervaringen – en dat zij de volgende keer beter werk afleveren. Je kunt je collega's niet dwingen dit te doen. Zij controleren hun eigen gedrag. Jouw doel is ze ideeën en suggesties aan te reiken, waaruit ze kunnen kiezen.

Om personele beslissingen te nemen

De organisatie kan behoefte hebben aan een richtlijn om toekomstige beslissingen te nemen over wie zal worden gepromoveerd, wie een bonus verdient, wie meer training nodig heeft en wie wordt ontslagen. Een van je doelen kan zijn om gegevens te verzamelen die de organisatie zullen helpen om betere beslissingen hierover te nemen. Je wilt je evaluatie doorgeven aan het personeel, zodat zij weten hoe zij het doen binnen de organisatie en de kans krijgen om hun gedrag te veranderen.

Je hebt verschillende methodes nodig om deze verschillende doelen te bereiken. Er zijn dan ook minimaal drie verschillende soorten feedback die, afhankelijk van de situatie, kunnen worden gebruikt.

- WAARDERING is de verwoording van tevredenheid over of instemming met het werk van iemand anders. Het is een emotionele uitdrukking die dient om een emotionele behoefte te bevredigen.
- ADVIES (of BEGELEIDING) bestaat uit suggesties over een bepaalde handelwijze die moet worden herhaald of veranderd. Dit is eerder gericht op de prestaties dan op het beoordelen van de persoon.
- EVALUATIE is het plaatsen van de desbetreffende persoon in relatie tot anderen of tot een expliciete of impliciete verzameling criteria.

Vaak denken wij niet helder over onze doelen na als wij feedback geven en het gevolg daarvan is dat wij de soorten feedback die wij geven onderling verwarren. Indien je niet een duidelijk, helder doel voor ogen hebt, kan jouw feedback meer kwaad dan goed doen. Een maatschappelijk werkster die voor een publiek van professionals een belangrijke lezing moest geven over de wijze waarop emotionele stoornissen bij dakloze kinderen worden gemeten, probeerde haar verhaal uit voor enkele collega's. Zij vonden allemaal dat haar lezing vrij goed was, maar merkten ook dat zij zenuwachtig was. Om haar zelfvertrouwen te geven, zeiden zij: 'Het is heel goed, absoluut perfect.' Een nuttig doel hiervan kan zijn om haar zelfvertrouwen te laten toenemen. Een ander doel is om een goede voordracht zelfs nog beter te maken. Haar vrienden gaven de indruk dat er geen verbeteringen noodzakelijk waren, zodat de maatschappelijk werkster de kans om haar lezing te verbeteren niet benutte.
Een betere benaderingswijze zou zijn door te zeggen: 'Ik heb van je lezing genoten. Ik denk dat jouw publiek er ook van zal genieten.' Dit kan dan worden gevolgd door: 'Als je het wilt, kunnen we samen proberen om het zelfs nog beter te maken.' Wat je je eigen moet maken, is het besef welk doel je voor ogen hebt als je feedback geeft. Je moet je opmerkingen zo formuleren dat ze hun doel bereiken.

Maak een onderscheid tussen de verschillende soorten feedback

Het is moeilijk om twee of meer van deze doelen gelijktijdig te bereiken. De meesten van ons hebben slechts een beperkte mate van belangstelling, met name als wij worden geconfronteerd met een gevoelig onderwerp als de beoordeling van onze prestaties. Een professor besteedde een groot deel van het weekeinde aan een uitgebreide beoordeling van een werkstuk van een student. Toen hij het werkstuk terugkreeg, sloeg de student meteen de laatste bladzijde op om te zien welk cijfer hij had gekregen. Had hij een '9' gekregen, dan was hij overgelukkig. Had hij slechts een '6' gekregen, dan bleef hij de rest van de dag mopperen dat het een onterechte beoordeling was.

In beide gevallen besteedde hij weinig tijd aan het lezen van de opmerkingen van de professor waarvan hij iets had kunnen leren. De emotionele impact van cijfers zorgt ervoor dat advies dat onze prestaties kan verbeteren wordt genegeerd.
Het beste is het om verschillende soorten feedback te geven op verschillende momenten. Minimaal moet je expliciet een signaal geven dat je van het ene op het andere doel overgaat. En het is vooral nuttig om zowel advies als waardering te scheiden van de angst die vergezeld gaat met een prestatiebeoordeling of evaluatie. In de meeste gevallen zal evaluatie het minst behulpzaam zijn en waarschijnlijk de aandacht afleiden van je twee andere doelen.

Check je doel met degene die feedback krijgt

Een man gaat eerder weg van zijn werk om een speciaal etentje voor zijn echtgenote te koken. Nadat zij het overdadige maal hebben verorberd, zijn haar eerste woorden: 'Ik denk dat deze saus meer peper had kunnen hebben.' Zij heeft geluk als hij de saus niet over haar hoofd uitgiet. Zij geeft een antwoord op de vraag 'hoe kan hij een betere kok worden?', terwijl hij wil horen 'waardeert zij alle moeite die ik voor haar heb gedaan?' Het enige wat hij kan doen is speculeren over haar doel. Had zij soms liever in een restaurant gegeten? Is zij ontdaan over iets anders? Wil zij mij kwetsen?
Het is verstandig om te discussiëren over de soort feedback die je wilt geven en te controleren of jouw gesprekspartner erin is geïnteresseerd om die te horen. 'Ik zou je enkele suggesties willen geven naar aanleiding van het werk dat ik van je heb gezien. Ik zou ook willen horen of ze volgens jou terecht zijn. Lijkt je dat zinvol?' Doordat je eerst toestemming vraagt, kan de ander zich voorbereiden, zodat hij niet wordt overdonderd. Ook maakt het van de begeleidingssessie een gebeurtenis waarvoor hij heeft gekozen om eraan deel te nemen.

Specifieke gewoontes: enkele technieken die je zullen helpen goede feedback te geven

In het licht van deze algemene voorschriften voor de verbetering van je vaardigheid om feedback te geven en te zoeken volgen nu enkele specifieke ideeën en suggesties.

Geef blijk van waardering om te motiveren

Als wij in een groep werken, worden wij soms allemaal bevangen door de vrees dat wij verworpen of buitengesloten zullen worden. Waardering dient om dergelijke angsten te bestrijden en het moreel te verhogen, want zo wordt aangegeven dat iemand 'erbij hoort', dat iemand meetelt. Iemands inspanningen en bijdragen worden gewaardeerd. Daarom moet je je waardering richten op het individu als mens. Hun gevoelens zullen meer worden beïnvloed door rechtstreekse opmerkingen over hen als persoon dan over hun werk. 'Ik ben onder de indruk van *jou*.' 'Ik vind het fijn om met *jou* samen te werken.' '*Jij* bent onmisbaar voor dit team.' 'Ik denk dat *jij* het neusje van de zalm bent.'

Waardeer snel en vaak. Wanneer moet je waardering tonen? Altijd. Het is altijd goed om wat tijd te besteden aan de verbetering van iemands stemming en zo zijn of haar productiviteit te verhogen. De kosten zijn laag. Het kost slechts een minuut om iemands kamer binnen te stappen en te zeggen: 'Ik ben je dankbaar voor je grote inzet.' De baten zijn hoog: een kans om zijn of haar productiviteit te verhogen, het wordt makkelijker om met de ander om te gaan en het wordt makkelijker voor de ander om in de toekomst advies en begeleiding te accepteren.

Je kunt de gevoelens van anderen beïnvloeden door je eigen gevoelens te tonen. Het doel van waardering geven is de gevoelens van anderen over het werk te veranderen. De snelste en beste manier om hun gevoelens aan te spreken, is via jouw gevoelens.
De behoefte aan waardering is een emotionele behoefte. Je

bent bang voor wat anderen over jou zouden kunnen denken. Dit geldt zowel voor de persoon met de meeste ervaring binnen het bedrijf als de jongste aanwinst. Soms vrezen zelfs zeer gedistingeerde personen dat niemand hen respecteert. Het is een subjectieve angst over de subjectieve mening van anderen. Daarom is de meest directe manier om waardering te tonen de ander de mogelijkheid te geven om jouw subjectieve gevoelens over hem te laten zien.

- 'Ik was tevreden over je werk.'
- 'Ik ben er trots op je collega te zijn.'
- 'Ik ben niet bang om het bedrijf te verlaten als ik weet dat jij er bent om de problemen op te lossen.'
- 'Ik ben onder de indruk van je grote inzet.'
- 'Ik weet hoe het is om de hele nacht door te moeten werken.'

Door je gevoelens te tonen, maak je duidelijk dat het bezit van emotionele behoeften niet betekent dat men zwak is; het is de erkenning dat mensen die in professionele organisaties actief zijn altijd mensen blijven.
Het kan ook riskant zijn om hun jouw gevoelens te tonen. Zij kunnen dat snel opvatten als hypocrisie. Daarom is het cruciaal dat je eerst je eigen gedachten op een rijtje zet, dat je eerst besluit om op serieuze wijze in de schoenen van de ander te gaan staan en zorgvuldig hun bijdrage analyseert.

Vind iets om te waarderen. Je kunt tegenwerpen: 'Hoe kan ik waardering tonen als ik niet tevreden ben over hun prestaties. Zou dat niet oneerlijk zijn?'
Het is gemakkelijker waardering te tonen als de resultaten spectaculair zijn, maar wat als ze abominabel zijn? Soms kunnen slechte resultaten zijn veroorzaakt zonder dat de betreffende persoon daar iets aan kon doen. De kok was absoluut niet verantwoordelijk voor de stroomuitval die plaatsvond net nadat hij de soufflé in de oven had gezet. Desondanks was het resultaat een volstrekte mislukking. Wat het resultaat ook was, je moet hem bedanken voor zijn inspanning en meevoelen hoe het is om al je inspanningen verloren te zien gaan.

Niet lang geleden vroeg de familie van iemand die in zee was verdronken aan de plaatselijke krant hen te helpen de voorbijganger te vinden die de golven was ingesprongen en zijn eigen leven had gewaagd in een tevergeefse poging om de man te redden. De familie wilde – ondanks haar verdriet – de bijna-redder persoonlijk bedanken en haar waardering tonen voor zijn daad. Een prestatie kan moedig en voortreffelijk zijn zonder een goed resultaat op te leveren.

Een prestatie kan ook minder zijn door een gebrek aan vaardigheid, gebrek aan ervaring of gebrek aan lichamelijke kracht. Desondanks kan men een '9' krijgen voor de inspanning. Wat het resultaat ook is, de inspanning verdient een eerlijk blijk van waardering. En zelfs als de inspanning halfslachtig was, moet je een onderscheid maken tussen inspanning, prestatie, resultaat en het belang van de desbetreffende persoon.

Een tijdje geleden stak er een storm op. Een man had de grote parasol opgevouwen die in het glazen blad van een buitentafel stond. Zijn vrouw zei dat het misschien beter was om de parasol naar binnen te brengen om te vermijden dat de wind de tafel zou omwaaien en het glas zou breken. De echtgenoot besloot dat het niet nodig was om hiervoor kletsnat te worden. Bovendien was de tafel al eens eerder omvergewaaid zonder beschadigd te raken. De volgende morgen lag het glazen tafelblad in duizend scherven over het gazon waarop de kinderen vaak blootsvoets speelden.

In dit geval was de inspanning miserabel en het resultaat belabberd. Maar in plaats van hem te vertellen dat hij het de volgende keer maar beter moest doen, gaf de vrouw hem wijselijk een knuffel omdat zij inzag dat hij nu meer behoefte had aan begrip en troost dan wanneer hij een betere prestatie had geleverd.

Indien iemand weet dat zijn prestatie beter had kunnen zijn, is het beter hem daar niet nadrukkelijk op te wijzen. Men kan meeleven met degenen die verantwoordelijk waren voor een mislukking: 'Jongen, ik weet precies hoe je je voelt. Ik heb hetzelfde gedaan. Ik beschouwde het maar als een lesje dat ik heb geleerd.'

Oneerlijke loftuitingen zijn een fout. Iets vinden wat de moeite waard is om te waarderen, zelfs als dat soms zoeken is naar een speld in een hooiberg, is meestal zinvol. En als het wordt gevonden is het zinvol om deze waardering eerlijk te tonen. Door een emotionele beloning zullen anderen de moed krijgen om door te zetten. Als zij zullen proberen om jou te blijven behagen moeten zij wel weten dat het mogelijk is om jou te behagen.

Geef advies om de prestatie te verbeteren

Het doel van advies of begeleiding geven is om anderen te helpen hun vaardigheden te verbeteren of hun potentiële arbeidsvermogen te vergroten. Richt je op wat zij doen en hoe zij dat doen. Het is niet de bedoeling dat jij moet aantonen dat je slimmer bent dan de ander. Het is niet de bedoeling iets te bereiken wat jij wilt. 'Ik denk dat jij het vuilnis buiten moet zetten (zodat ik het niet hoef te doen)', is geen begeleiding. 'Als jij het vuilnis buiten gaat zetten, helpt misschien dit idee', is wel begeleiding. Begeleiding is het meest effectief als het tegemoet komt aan de belangen van de ander, in het bijzonder het belang om beter te worden in wat hij of zij doet.
Waardering is gericht op de persoon. 'Ik dank *je* voor je hulp.' Voor begeleiding geldt het tegenovergestelde. Begeleiding is het meest effectief als het gericht is op de *prestatie* – op een bepaalde handelwijze waar de ander voor kan kiezen om dat wel of niet te doen – en losstaat van de persoon. Het gaat om een keuze tussen verschillende manieren om iets gedaan te krijgen.
Er zal minder emotionele weerstand zijn als het gesprek minder persoonlijk wordt. Je zult waarschijnlijk betere werkresultaten krijgen als je erop gericht bent het werk te verbeteren in plaats van de persoon. Het model is twee collega's die discussiëren over verschillende technieken om een doel te bereiken, net zoals twee sportvissers erover keuvelen met welk aas je de meeste vis vangt. De vergelijking draait om de manier waarop degene die feedback ontvangt nu werkt en enkele mogelijke alternatieven daarvoor.

Maak er een gesprek van. De beste begeleiding is geen preek.

Als je je opmerkingen uit, probeer dan te onthouden dat je slechts een observator bent, met alle gebreken en vooroordelen van dien. Jij bezit geen perfect inzicht, perfecte kennis of perfecte vaardigheden.

Begin met het stellen van vragen. Je moet zowel informatie vergaren als je eigen opvattingen meedelen. Als je van plan bent advies te geven aan iemand hoe hij of zij een opdracht moet uitvoeren, moet het voor jou duidelijk zijn wat de ander probeerde te doen. Ooit werkte een jonge legerofficier als adjudant van een generaal. De twee waren bezig met de nabespreking van een zojuist beëindigde stafvergadering en de jonge officier adviseerde zijn meerdere uitvoerig over hoe hij kon helpen een adviseur, die deel uitmaakte van hun eenheid, productiever te laten deelnemen aan een dergelijke grote vergadering. De generaal onderbrak hem. 'Ik *wilde* niet dat hij een betere bijdrage leverde aan die vergadering. Ik wilde dat hij bleef kakelen als een kip zonder kop, zodat iedereen begrijpt waarom ik hem moet ontslaan,' legde de generaal uit. De wijziging van het doel veranderde ongetwijfeld het advies dat de jonge officier had kunnen geven. Om goed advies te kunnen geven, moet je weten wat degene die het advies ontvangt probeert te bereiken.

Het beste advies om te weten wanneer je moet adviseren, komt meestal van de ander zelf. Je kunt hem vertellen dat je enkele suggesties zou willen geven en hem vragen wanneer daar een geschikt moment voor is. Hij zal dan het gevoel hebben dat hij ervoor heeft gekozen om begeleiding te krijgen en zal daar dan waarschijnlijk meer open voor staan. En jij krijgt de mogelijkheid om advies te geven op het moment dat het waarschijnlijk de meeste zoden aan de dijk zet. Het is jammer dat er voor sommige mensen nooit een goed tijdstip is. Je zou erop kunnen staan dat zo iemand ten minste luistert en jouw voorstellen in overweging neemt.

Je zult betere begeleiding geven als je de ander de kans geeft jou te sturen. Een collega zal graag jouw gedachten willen horen over een bepaald aspect van zijn prestatie. Hij zal met meer aandacht luisteren en proberen zijn gedrag te veranderen als hij heeft besloten dat hij in dit onderdeel beter moet worden. Een begeleider kan ook vragen naar de persoonlijke voorkeuren van de ander. Een universiteitsmedewerker van de rechtenfaculteit vraagt geregeld om suggesties van de studenten en bezoekende collega's, maar hij *vraagt* wel of alle opmerkingen en raadgevingen kunnen worden bewaard tot het einde van de collegeweek, zodat ze hem niet zullen afleiden van de prestatie die hij nu moet leveren.

Het is vaak nuttig om de ander te vragen wat hij vindt van zijn prestatie en hoe deze kan worden verbeterd. 'Ik heb enkele voorstellen. Voordat ik ze geef, zou ik echter graag willen horen hoe jij denkt over het eventueel beter kunnen doen.' Geeft hij dezelfde suggesties die jij van plan was te geven, des te beter. Zijn gedrag zal eerder beïnvloed worden als hij denkt dat het zijn eigen idee is waar jij mee instemt.

Als je probeert iemand te adviseren of te begeleiden, probeer dan de ander te helpen zijn gedrag te veranderen en wek niet de indruk dat jij het voor hem verandert. Uiteindelijk zullen anderen beslissen hoe hun gedrag zal zijn. Zelfs ondergeschikten kunnen niet de hele dag in de gaten worden gehouden. Jouw poging om hun gedrag te veranderen, zal alleen slagen als jij het aan hen overlaat om zelf te beslissen hun handelwijze te veranderen.

Bekrachtig wat GOED *was.* In plaats van observaties te verdelen tussen positief en negatief, is het nuttiger om ze te plaatsen in de twee categorieën: Wat Goed Was (WGW) en hoe het Anders Te Doen (ATD). In plaats van de evaluatie van de prestatie ('Dat was uitstekend' of 'Dat kan nog wat werk gebruiken') kun je de prestatie bekrachtigen en concrete manieren ontwikkelen om de prestatie te verbeteren.

Indien je commentaar geeft op de prestatie van anderen bestaat het gevaar dat je je toespitst op de dingen waar je niet tevreden over was en waarvan je graag ziet dat ze veranderen. Zoals men zegt: 'De spijker die uitsteekt wordt ingeslagen.' De spijkers die er meteen goed waren ingeslagen, merkt men slechts zelden op. Je vergeet aandacht te schenken aan de succesvolle prestaties en daar commentaar op te geven.

Mensen kunnen net zoveel van een succes als van een mislukking leren. Vaak kunnen mensen niet verwoorden wat het is dat zij goed doen. Door te wijzen op specifieke zaken die een toneelvoorstelling helpen te verbeteren, wordt het gemakkelijker voor de acteur om deze zaken in praktijk te brengen. Het helpt ook om algemene principes te formuleren die kunnen worden toegepast in andere situaties.

Probeer altijd, als dat mogelijk is, je suggesties als een positieve bekrachtiging te geven. 'Doe meer van X' en niet 'Doe minder van Y'. Beide hebben dezelfde wezenlijke betekenis, maar de eerste is minder bedreigend en is tevens effectiever. Indien je hoofd vol zit met zaken die je niet moet doen, maar je weet niet wat je daarvoor in de plaats moet doen, is het niet verbazingwekkend dat je blijft doen wat je niet moet doen. Zoals wij allemaal weten, sorteert het geen effect als wij iemand vertellen niet aan olifanten te denken.

Vertrouwen op de uitbreiding van successen heeft bepaalde voordelen ten opzichte van de uitroeiing van gebreken. De ander weet dat hij de voorgestelde verandering aankan, omdat hij dat al heeft gedaan in een ander geval. Hij heeft meer vertrouwen omdat hij, tenminste op sommige momenten, het goed heeft kunnen doen. Tenslotte weet hij dat jij het goede deel van zijn werk hebt gezien en zal hij zich minder zorgen maken over jouw mening over hem.

Geef suggesties wat de ander ANDERS MOET DOEN. Het is niet altijd mogelijk om alleen op positieve bekrachtiging te vertrouwen. Je moet de aspecten van de prestatie van de ander bespreken, die hij moet veranderen. Vaak vertel je de ander datgene waarover je niet tevreden was in zijn prestatie en je laat het aan hem over om met iets beters op de proppen te komen. Kritiek zonder operationele suggesties doet meer kwaad dan goed. Dit is in het bijzonder het geval als er geen tijd is om ervoor te zorgen dat hij het beter kan doen.

Enkele jaren geleden zag Alan een toonaangevend Engels voetbalelftal spelen tegen een elftal van een veel lagere divisie. De bal werd gespeeld voor het doel van het betere team en vervolgens werd een hoekschop weggegeven. De aanvoerder liet duidelijk merken dat zijn keeper, een ervaren speler met internationale ervaring, uit zijn doel had moeten komen om de bal uit de lucht te plukken en het gevaar te bezweren. Terwijl de tegenstander zich opstelde om de hoekschop te nemen, bleef de aanvoerder zijn keeper uitkafferen over zijn fout. Toen de hoekschop werd genomen liep de keeper – waarschijnlijk galmde de kritiek nog in zijn hoofd na – veel te ver uit zijn doel, blunderde en de tegenpartij scoorde een doelpunt dat later het winnende bleek te zijn. Voor een toeschouwer leek het zeer aannemelijk dat als zijn aanvoerder niet zo'n felle kritiek had geleverd, de keeper niet zou hebben geprobeerd uit te komen en dan zou er niet zijn gescoord. Het gedrag van de aanvoerder kan zijn eigen ergernis dan wel hebben verminderd, maar het hielp de keeper niet om zijn vaardigheid te gebruiken.

Het is waarschijnlijker dat een specifieke suggestie, die wordt gegeven als de ander tijd heeft om erover na te denken, zorgt voor een gedragsverandering. Je kunt tegen iemand zeggen: 'Het lijkt me vrij dom dat je de landkaart en de routeaanwijzingen in hun definitieve vorm hebt laten drukken zonder iemand te hebben gevraagd ze uit te proberen.' Zo'n opmerking kan snel verzet, een defensieve houding en zelfs tegenkritiek oproepen. Specifieke suggesties zijn bruikbaarder: 'Ik heb geleerd, ongeacht hoe overtuigd ik ervan ben dat ik de routeaanwijzingen perfect heb opgeschreven, dat het altijd verstandig is om ze door iemand te laten uitproberen. Iedere keer ontdekte ik namelijk dat er in mijn routeaanwijzingen fouten zaten. Als er dus genoeg tijd is, probeer ik routeaanwijzingen niet klakkeloos over te nemen, zonder ze eerst getest te hebben. En ik probeer daar altijd tijd voor vrij te maken.' 'Ik denk dat je het eventueel zo zou kunnen verbeteren' is bruikbaarder dan: 'Dit heb jij verkeerd gedaan.'

Geef niet te veel suggesties tijdens een enkele sessie. Een ondergeschikte kan overbeladen raken als hij na een prestatiebeoordeling een lijst heeft met twintig punten die hij dient te veranderen. Waarschijnlijk is hij de meeste ervan al vergeten voordat hij de kans heeft gehad om ze in praktijk te brengen. Het is zelfs nog erger: een grote hoeveelheid voorgestelde veranderingen ontmoedigt en intimideert. Indien je mondeling feedback geeft, is het meestal verstandig om jezelf te beperken tot hoogstens twee of drie suggesties. Laat de ander die eerst in praktijk brengen voordat je nog meer suggesties geeft.

Dit hoofdstuk bevat bijvoorbeeld veel te veel illustratieve suggesties, zodat men er niet van uit kan gaan dat de lezer ze allemaal kan absorberen na een enkele lezing. Ons advies aan de lezer is: probeer niet alles meteen te doen. Je kunt je steeds richten op slechts één raadgeving, daarna het boek weer oppakken en een andere suggestie opzoeken om uit te proberen. Indien mondeling feedback wordt gegeven, hebben wij niet de luxe om deze in een archief op te bergen en af en toe weer te raadplegen. Houd het simpel.

Deel specifieke data en gedachtegangen. Wij geven vaak advies dat veel te algemeen is om bruikbaar te zijn. Jeff en Allen werken op de verkoopafdeling van een bedrijf dat mobiele telefoons produceert. Zij zijn net terug van een gesprek met een potentiële distributeur.

Jeff: Wat vond jij ervan? Heb je nog tips voor me?
Allen: Het ging prima. Goed werk. Ga zo door. Maar er is één ding: je moet dit soort kerels hard aanpakken. Zorg ervoor dat zij niet denken dat ze een betere deal krijgen dan de andere distributeurs. Als je dat doet, verspillen we alleen maar geld.
Jeff: Ja, maar dit is een heel grote deal voor ons. Ik moest er zeker van zijn dat...
Allen: Precies! Daarom moeten wij ervoor zorgen dat wij onze marge handhaven. Dat is veel belangrijker met een grote distributeur dan met een van de kleintjes.
Jeff: Oké. Ik zal het onthouden.

Hoe algemener een begeleidingsadvies is, des te meer wordt het opgevat als persoonlijke kritiek in plaats van een professionele analyse van de handelwijze. Het is niet verrassend dat Jeff zich probeert te verdedigen in plaats van te proberen iets op te steken van Allens opmerking. Aangezien het de bedoeling is om de goede handelwijze te herhalen, helpt het om zo specifiek mogelijk te zijn. Tegen iemand zeggen: 'Dat was goed werk' helpt hem niet om erachter te komen welke bepaalde zaken hij weer moet doen. Specifiek zijn geeft de ander ruimte om te begrijpen wat jij nou precies zag in wat zij deden en waarom jij er tevreden over was. Dit maakt het waarschijnlijker dat zij het een onderdeel van hun eigen denken zullen maken. Specifiek zijn geeft ze ook ruimte om andere data toe te voegen die jij misschien hebt gemist. Misschien kunnen zij hun denkwijze verwoorden op een manier die jouw analyse verandert. Onthoud dat het doel is betere methodes te vinden en niet gelijk krijgen. Het delen van specifieke gegevens maakt ons partners in de taak betere methodes te vinden.

Een andere versie van hetzelfde gesprek zou zo kunnen verlopen:

Jeff: Wat vond jij ervan? Heb je nog tips voor me?

Allen: Nou, eh, ik was erg onder de indruk van de manier waarop je zorgde voor een ontspannen sfeer. Bijvoorbeeld toen de distributeur vroeg waarom onze producten duurder zijn dan die van de concurrentie, had je direct een aantal redenen paraat en je gaf goede voorbeelden in je uitleg. Ik vond dat je zo een teken gaf dat je bereid was te spreken over moeilijke onderwerpen en je moedigde hem daardoor ook aan een open gesprek met jou te voeren over zijn bedenkingen.

Jeff: Dank je wel. Wat is het toch prettig om met jou samen te werken.

Allen: Ik heb ook een suggestie. Wil je die horen?

Jeff: Natuurlijk, geen probleem.

Allen: Weet je nog dat je ons beleid uitlegde over prijsbescherming? Als wij de prijs verminderen en de distributeur heeft een voorraad die hij heeft gekocht voor een lagere prijs dan de oude?

Jeff: Ja.

Allen: Het viel me op wat je toen zei. Je zei: 'Wij geven *meestal* niet meer dan dertig dagen prijsbescherming.' In mijn oren klonk je toen aarzelend. Ik denk dat hij daarom bleef vragen om een periode van negentig dagen. Waarom zei je het op die manier?

Jeff: Kom op, nou, dit is een heel grote deal. Ik wilde niet dat de concurrentie deze distributeur zou krijgen alleen vanwege de prijsbescherming. Ik wilde niet de gok nemen dat wij hem zouden verliezen.

Allen: Je hebt gelijk, wij zouden liever de prijsbescherming opgeven dan de klant verliezen. Ik denk dat wij die dertig dagen hadden gekregen om deze klant niet te verliezen. Mijn aanbeveling zou zijn om de deal die wij met hem wilden sluiten zo goed mogelijk te presenteren, op een zelfverzekerde toon, en als hij om meer vraagt, kunnen we daar altijd over praten. Je zou bijvoorbeeld kunnen zeggen: 'Wij geven aan al onze distributeurs een periode van dertig dagen en wij kennen niemand in de branche die meer biedt. Bij sommige fabrikanten is het zelfs slechts vijftien dagen.' Als hij dan toch nog meer wilt, kunnen we proberen erachter te komen waarom en een manier vinden om hem tegemoet te komen.

Jeff: Oké, maar wat als hij zegt dat hij heeft gehoord dat wij soms een uitzondering maken?

Allen: Nou, wat je dan kan doen...

Specifiek zijn kost altijd meer tijd en inspanning. Ook moet men aandacht schenken aan de specifieke taal die op zo'n moment wordt gebruikt. Tegelijkertijd is het ook een investering die iemand waarschijnlijk daadwerkelijk zal helpen om een bepaalde vaardigheid te leren en die misschien tijd bespaart die anders wordt gebruikt om hun fouten te herstellen of om nog meer begeleiding te geven.

Evalueer alleen als het nodig is een personele beslissing te nemen

Een manager moet geregeld beslissen wie zal worden gepromoveerd, wie op proef wordt aangenomen of wie zal worden 'gedegradeerd'. En vaak zal een manager de meningen willen horen van andere personeelsleden wier oordeel is gebaseerd op meer directe ervaringen dan die van de manager. Vergelijkende evaluatie volgens een schaal of afgezet tegen de prestaties van anderen is zelden de beste manier om iemands prestaties te verbeteren. Een algemene conclusie dat iemand het slechtst is van de groep moet hem wel ontmoedigen en geeft hem niet het idee dat hij daar iets aan kan doen. Iemand vertellen dat hij 'nummer 1' is, kan ervoor zorgen dat hij zich

ontspant en dat hij vergeet exact te bepalen wat hij in zijn prestatie moet handhaven om daar op voort te bouwen.
Een algemeen gemaakte fout is om feedback te beschouwen als evaluatie. Evaluatie is soms nodig om iemand 'een trap onder zijn achterste te geven', om ervoor te zorgen dat hij zich meer inspant. Roger moest ooit uit een vervolgcursus 'Onderhandelen' twaalf rechtenstudenten selecteren, die onderwijsassistenten konden worden. Roger vroeg alle twaalf om anoniem aan te geven wie in hun klas geschikt was om een goede onderwijsassistent te worden. Elf studenten plaatsten een student op de twaalfde plaats en een student plaatste hem op de eerste plaats. De resultaten gaven aan dat die student een goede evaluatie nodig had over hoe hij bezig was.

Verhelder ten tweede een visie om samen deze vaardigheid te gebruiken: een sfeer van wederzijdse steun en begeleiding

Door toepassing in de praktijk van de hierboven beschreven richtlijnen kun je je eigen vaardigheid om hulp aan te bieden ontwikkelen en om hulp te zoeken om jouw vaardigheden en die van je collega's verder te ontwikkelen. Wat wij willen bereiken in een organisatie is een sfeer waarin het normaal is elkaar te motiveren om te leren en je verder te ontwikkelen. Maar degenen die in een bedrijf, ongeacht de omvang, hebben gewerkt, zullen waarschijnlijk vertrouwder zijn met een ander klimaat. Vermoedelijk zijn wij meer vertrouwd met situaties waar het normaal is voor ons, of voor anderen, om helemaal niets te doen, tot het te laat is.
Hoe groter het aantal mensen is dat samenwerkt, des te moeilijker is het om te komen tot een open en soepele feedback, van boven naar beneden in de organisatie of er dwars doorheen. Wij kennen elkaar niet zo goed. De organisatie zal bureaucratischer zijn en het is moeilijker om te weten wat er allemaal gebeurt.
Pauls eerste vaste baan was op de claims-afdeling van een verzekeringsmaatschappij in Hartford. Hij maakte niet meteen een grote indruk op de leidinggevenden van de afdeling. Hij

maakte geen blunders, maar hij boekte ook geen grote successen. De leidinggevenden investeerden hun tijd en energie in andere ondergeschikten. Pauls collega's hadden iemand die over hun schouder meekeek, hun rapporten annoteerde en hun vertelde welke dingen zij anders moesten doen om hun werk te verbeteren. Aangezien niemand meer van hem verlangde, dacht Paul dat hij de beste van de groep was. Toen er moest worden bezuinigd, was Paul stomverbaasd dat hij werd ontslagen.

In grote organisaties klagen mensen er vaak over dat hun werk wordt genegeerd of ondergewaardeerd. Ondergeschikten willen meer aandacht van hun meerderen. Investeringsanalysten, collega's op een advocatenbureau, jonge timmermannen die hun vak leren, allemaal klagen ze erover dat hun werk niet wordt opgemerkt en dat er geen begeleiding is.

Mensen die een hogere positie in dezelfde organisatie hebben ervaren dit probleem ook. Anderen twijfelen echter hun advies te geven en vinden het met name moeilijk om hen op fouten te wijzen. Leidinggevenden vinden dat zij door hun positie niet de feedback krijgen die zij nodig hebben. Ook vinden zij vaak dat hun ervaring, hun jaren van hard werken, niet worden gewaardeerd. Niemand slaat hen op de schouder als zij goed werk hebben geleverd. Zij moeten hun ondergeschikten aanmoedigen en motiveren, maar wie moedigt *hen* aan?

Dit is een ernstig probleem. Personeelsleden en professionals die vinden dat hun inspanningen en werk niet worden opgemerkt voelen zich ontevreden. Zij zullen geneigd zijn minder energie in hun werk te gaan steken. Waarom zou je je er druk om maken als je werk toch door niemand wordt opgemerkt? Met minder inspanning wordt je net zo goed genegeerd. Nog erger is dat prestaties hierdoor niet verbeterd kunnen worden. Een fabriek kan de productiviteit verhogen door te investeren in materiaal, maar kan met wat inspanning ook de productiviteit van de arbeiders vergroten.

Hoe komt het dat mensen in grote organisaties zo vaak verpieteren? Waarom worden mensen, die om hun vaardigheden en arbeidspotentieel zijn aangenomen, al snel ontslagen omdat zij dat potentieel niet gebruiken?

Diagnose: ongegronde veronderstellingen ontmoedigen ons om te helpen

Dezelfde redenen waarom je niet bedreven bent in het geven en vragen van feedback gelden ook voor andere mensen. Zij hebben geen weet van de verschillende doelen voor het geven van feedback; ook weten zij niet hoe ze elk doel kunnen verwezenlijken. Als de vaardigheid om feedback te geven (of te vragen) in hoge mate ontbreekt komt vaak binnen een bedrijfscultuur een serie ongegronde veronderstellingen tot ontwikkeling om het gebrek aan wederzijdse steun en begeleiding te rechtvaardigen. Veel veronderstellingen ontmoedigen ons om onze observaties te gebruiken en een ander te helpen. Hieronder volgen enkele veelgebruikte veronderstellingen.

'Wij zijn hier niet om elkaar te prijzen'

In 1949 was William een jonge financiële expert in het Parijse hoofdkwartier van het Marshallplan. Hij had hard gewerkt om te kunnen reageren op een verwachte valutacrisis in Oostenrijk. Toen de crisis inderdaad een feit was, vloog ambassadeur Averill Harriman naar Wenen en hij liet William achter in Parijs. Harriman werkte een week in Oostenrijk terwijl alle banken gesloten waren en hij vond daar een opmerkelijke oplossing.

William zei tegen zijn collega Roger dat hij van plan was ontslag te nemen. 'Wat heb ik hier te zoeken? Harriman heeft me helemaal niet nodig. Hij heeft alles goed gedaan en hij heeft niet eens, zoals ik, het probleem zes maanden lang bestudeerd en ook heeft hij niet mij gepraat.' Roger was later verbaasd toen hij Harriman hoorde zeggen: 'Onze jonge financiële expert is een genie. Toen de crisis die zaterdagnacht uitbrak, konden wij hem niet vinden. Ik heb de veiligheidsbeambten zijn kluis laten openbreken. William had de crisis zien aankomen en er een lang conceptmemo over geschreven. Wij hebben daar een kopie van gemaakt. De hele week was het mijn bijbel. Ik hoefde alleen maar zijn advies op te volgen.' Toen Roger voorstelde dat Harriman de jonge financiële expert zou feliciteren met zijn werk, antwoordde de ambassadeur: 'Wij

zijn niet helemaal naar Europa gekomen om elkaar te gaan zitten prijzen. Hij heeft gewoon zijn werk gedaan.' Roger moest al zijn overtuigingskracht gebruiken om Harriman een afspraak te laten verplaatsen om William te kunnen feliciteren met zijn goede werk.
Vaak vergeten wij onze waardering te uiten, omdat wij niet beseffen hoeveel mensen ervan profiteren bevestigd en aangemoedigd te worden. Nog funester zijn veronderstellingen over wat het betekent om aan iemand anders waardering te tonen.

'Iedereen die behoefte heeft aan loftuitingen is zwak'

Competente professionals vinden hun voldoening in goed geleverd werk. Een echte professional is niet bezorgd over de mening van anderen, dat is tenminste de algemene opvatting. Veel mensen worden verlegen als hun werk wordt geprezen. Dit komt door het idee dat zoiets niet nodig is voor een sterke persoonlijkheid. Het zijn alleen de jongeren of de tragen van geest die 'in de watten gelegd moeten worden' of van wie 'de hand moet worden vastgehouden'.
Helaas negeert deze visie het feit dat zelfs de meest bekwame specialist ook een mens is, iemand met emotionele behoeften en onzekerheden.

'Het is niet nodig competente mensen te zeggen hoe zij hun werk moeten doen'

Wij willen allemaal een beeld van vakbekwaamheid oproepen en anderen onze vaardigheden op een gunstige manier laten zien. Helaas kan dit ertoe leiden dat wij een illusie van perfectie najagen. Wij denken dat slimme, getalenteerde professionals geen fouten mogen maken. Net zoals je fouten verdoezelt opdat anderen ze niet opmerken, wil je ook niet naar advies luisteren omdat iemand dan zou kunnen denken dat jij dat nodig hebt. We hebben allemaal weleens iemand bits horen zeggen: 'Dat weet ik al!', om zich zo te verdedigen tegen de implicatie dat hij zou kunnen profiteren van vriendelijk bedoeld advies.

Wij proberen ook het feit te verdoezelen dat wij advies vermijden. Wij kunnen niet zeggen: 'Dank je wel, maar ik luister liever niet naar advies. Een illusie van perfectie is belangrijker voor mij dan te leren van een fout.' Daarom gebruiken wij indirecte tactieken om collega's te ontmoedigen ons advies te geven. Wij kunnen ontkennen een fout gemaakt te hebben. Wij kunnen woedend worden over de vooringenomenheid van de persoon die ons wil helpen. De verwrongen consequentie om een beeld overeind te houden van smetteloze competentie, is dat wij vermijden echte fouten te analyseren of opties in overweging te nemen om onze prestaties te verbeteren. Door steeds te denken dat wij competent zijn zorgen wij er uiteindelijk voor dat wij in veel dingen incompetent blijven, met name wat betreft het leren.

'Begeleiding is iets dat een meerdere doet bij een ondergeschikte'

Indien je toegeeft dat je nog iets te leren hebt over je werk, kun je zeer kieskeurig zijn van wie je advies wil aannemen. Wij gaan ervan uit dat wij naar raadgevingen luisteren omdat de raadgever slimmer of meer ervaren is. Daarom neem je advies van je baas aan, maar een ondergeschikte die een suggestie wil doen, krijgt de wind van voren. Wij denken er zelden aan dat de vaardigheden waarom iemand wordt gepromoveerd niet dezelfde hoeven te zijn als de ervaring om een ondergeschikte te begeleiden bij iedere taak. Wij lopen de kans mis om hulp te krijgen van een ondergeschikte die het probleem waar wij nu mee zitten al heeft opgelost.

De veronderstelling om alleen advies aan te nemen van meerderen gaat hand in hand met een andere: advies en begeleiding worden bepaald door de rangorde. Indien je ervan uitgaat dat degene die begeleid wordt het advies moet opvolgen, of hij het ermee eens is of niet, kan dat alleen van boven naar beneden gebeuren.

Voorschrift: een organisatie leert zich een betere reeks veronderstellingen aan

De visie die je graag wil verwezenlijken is die van een groep mensen die samenwerkt en handelt op basis van een bruikbare reeks voorlopige veronderstellingen.

'Waardering laat iedereen beter presteren'

Een uitgever in Cambridge werd steeds depressiever. Zijn moreel zakte steeds dieper en de energie die hij in zijn werk stak, smolt weg. Iedere brief die hij las was van een ongelukkige persoon met een klacht die hij diende op te lossen. Terwijl hij de ene na de andere klaagbrief afhandelde klaagde hij uiteindelijk bij zijn assistent dat niemand zijn werk meer scheen te waarderen. Zijn assistent antwoordde: 'Nee, hoor. De meeste post voor jou is zeer lovend. Je krijgt voortdurend brieven waarin je wordt bedankt of gefeliciteerd voor iets wat je hebt gedaan. Omdat ik echter weet hoe druk je het hebt, beantwoord ik deze brieven en stop ze daarna in het archief. Ik gaf jou alleen de negatieve brieven, omdat die jouw aandacht nodig hebben.' Deze handelwijze werd snel veranderd. Nadat de uitingen van waardering weer op zijn schrijftafel belandden, namen het moreel en de werkenergie van de uitgever weer toe. Met name ondergeschikten beseffen niet dat het een groot verschil kan uitmaken als zij een meerdere waardering geven voor wat hij of zij heeft gedaan. De waarheid is dat mensen soms hard werken – en de top bereiken – omdat zij er een grote behoefte aan hebben om gewaardeerd te worden. Meer dan anderen hebben deze mensen het nodig dat hun werk wordt gewaardeerd.

'Vragen om begeleiding is een teken van competentie'

Hoe bekwamer men is, des te meer kan men profiteren van begeleiding. Professionele tennisspelers hebben fulltime coaches, amateurs niet. De wereldkampioen schaken gaat naar een toernooi met een groep coaches en secondanten. Als de partij wordt afgebroken, analyseert de speler samen met zijn secondanten de partij en zoekt naar de goede zet voor de volgende dag. De kampioen kan zijn secondanten gemakkelijk verslaan in een serieuze schaakpartij, maar dat hindert hem niet om goed naar hun advies te luisteren. Hoewel hij een sterkere speler is, weet hij dat zij iets gezien kunnen hebben wat hem is ontgaan of dat zij een moment van inspiratie kunnen hebben. Hetzelfde geldt binnen de context van een bedrijf. Het is juist geen teken van zwakheid om advies te vragen; het duidt op de drang om de dingen te verbeteren en op de wijsheid om nieuwe ideeën te vinden.

'Iedereen kan iedereen begeleiden'

Het is verkeerd om aan te nemen dat begeleiding slechts eenrichtingsverkeer van boven naar beneden is. Van sommige zaken weet een ondergeschikte meer af. Vaak is hij beter in staat om iets waar te nemen. En er is altijd een onderwerp waar een collega meer van weet dan jij. Je moet je voorstellen hoe jij op anderen overkomt. Zij zien dat. Net zoals een fan op de tribune iets ziet in de manier waarop een honkbalspeler de bal raakt, dat de slagman zelf niet ziet, zo weet jouw secretaresse meer dan jijzelf over de intonatie van jouw stem als je een telefoongesprek met een klant voert.

Iedereen in de hiërarchie – meerdere, gelijke of ondergeschikte – kan een waardevolle tip voor je hebben. Iemand die je persoonlijk als minder capabel beschouwt, kan een goede raadgeving hebben. Stel je open om naar iedereen te luisteren en beoordeel hun suggesties op hun eigen waarde in plaats van jouw mening te laten gelden over de persoon die het voorstel doet. Aangezien jij degene bent die je gedrag wilt veranderen, beslis jij of en hoe je een voorstel overneemt. Echter, hoe vakbekwamer zij die iets voorstellen zijn – het doet er niet toe of het je ondergeschikten, je collega's of je meerderen zijn –, des te waarschijnlijker is het dat jij een verandering zult doorvoeren.

Geef vervolgens leiding: moedig anderen aan om betere feedback te geven

Hoe kun je ervoor zorgen dat in jouw organisatie betere vaardigheden en veronderstellingen worden overgenomen om feedback te geven? Met name als je niet de leiding hebt? Gelukkig is het antwoord op deze vraag vrij eenvoudig. In de eerste plaats kun je je lovend uitlaten tegenover je ondergeschikten, je collega's en je meerderen. Zij zullen dat waarderen en erdoor beïnvloed worden. Het is riskanter om te proberen je baas te begeleiden, met name binnen een organisatie waar dat niet vanzelfsprekend is. In zo'n geval moet je toch bedachtzamer zijn.

Doe iets: vraag om begeleiding

De beste manier om een sfeer te scheppen waarin begeleiding plaatsvindt is niet door iemand anders op hete kolen te laten zitten, maar door daar zelf vrijwillig op te gaan zitten. Je kunt anderen aanmoedigen, je baas, collega's of ondergeschikten, door hun mening te vragen over jouw prestaties. Een verzoek om begeleiding zal het grootste effect hebben op mensen van jouw niveau of lager. Indien je wilt dat jouw ondergeschikten om feedback vragen bij hun ondergeschikten, is het beste wat je kunt doen hun te laten zien dat jij bereid bent om dat ook te doen.

Het zal voor hen gemakkelijker zijn om zich daarin te schikken als je op discrete wijze om hun commentaar vraagt. 'Hoe doe ik het?' is een zeer moeilijke vraag om te beantwoorden. 'Heb je nog enkele suggesties voor mij nadat je me aan het werk hebt gezien met die klant?' of 'Heb je misschien een voorstel hoe ik de bepaling van de prijs effectiever had kunnen behandelen?' is veel gemakkelijker om op te reageren.

Stop niet nadat je advies hebt gevraagd. Luister zorgvuldig om iets te kunnen leren. Laat anderen het weten als je iets nieuws hebt geleerd. De beste aanmoediging die je kunt geven is het advies op te volgen dat anderen jou hebben gegeven.

Geef een leidraad: vertel ze welke feedback jou kan helpen

Een makkelijke manier om vaardigheden in begeleiding in te calculeren is door jouw collega's te vertellen wat voor soort advies jou kan helpen. Als je zegt: 'Feedback moet altijd worden gegeven volgens de volgende principes', kunnen zij je opmerkingen opvatten als op hun gerichte kritiek omdat zij het voorheen anders hebben gedaan. Als je jouw suggesties geeft als de beste manier om *jou* te helpen, dan weerspiegelen jouw suggesties alleen je eigen tekortkomingen. 'Ik vind het moeilijk om me te concentreren op de verbetering van mijn werk als ik net heb gehoord dat ik goed of slecht werk heb verricht. Kun jij me wat specifieke suggesties geven in plaats van alleen een algemeen oordeel?'

Nadat zij begonnen zijn om de hier beschreven technieken te gebruiken, zullen zij waarschijnlijk ontdekken dat die bruikbaar zijn. De volgende keer dat zij een andere collega hun raad willen aanbieden, zullen zij de structuur onthouden die jij hebt voorgesteld. Als zij geen ander raamwerk hiervoor hebben, wordt jouw advies waarschijnlijk gebruikt vanwege gebrek aan beter.

Maak een diagnose: mensen accepteren aanwijzingen van bovenaf

Als jij om begeleiding vraagt zal jouw voorbeeld indruk maken. Je baas werpt een nog grotere schaduw. Zijn voorbeeld zal nog krachtiger zijn.

Je baas zal vermoedelijk willen dat zijn ondergeschikten meer van elkaar leren. Je kunt hem redenen noemen waarom dat misschien niet zo is. 'De mensen hier kijken naar jou om te weten hoe ze moeten handelen. Als zij jou nooit om advies zien vragen, denken zij misschien dat zij daar ook niet om mogen vragen.' Als hij instemt met deze diagnose, heeft hij een goede reden om voor iedereen zichtbaar om begeleiding te vragen. Het advies dat hij krijgt, kan hem ook verder helpen. Het brengt waarschijnlijk minder risico's met zich mee als hij een reden heeft om aan iemand anders raad te vragen, dan om hem te vertellen dat hij iets fout doet.

Deel C

Alle stukjes in elkaar passen

8 *Pas je persoonlijke vaardigheden systematisch toe*

In de voorafgaande vijf hoofdstukken hebben wij enkele basiselementen omschreven als een manier om je vaardigheid om dingen voor elkaar te krijgen te verbeteren, zelfstandig of samen met anderen. Wij hebben ook enkele eenvoudige tactieken voorgesteld die kunnen worden gebruikt om anderen te stimuleren diezelfde vaardigheden gezamenlijk te gebruiken: het stellen van vragen, het aanbieden van ideeën en iets doen dat als voorbeeld dient. Deze tactieken zijn handig als je wordt geconfronteerd met een niet-productieve vergadering of een ander obstakel en als je erachter moet komen wat je moet zeggen of doen. Maar samen vormt dit nog geen strategie. Toch zijn de strategische richtlijnen die deze elementen voor iedere taak aangeven volledig toepasbaar op de taak om samen met je collega's een betere samenwerking te realiseren:

- Geef in je DOELSTELLING aan welke resultaten je wenst te bereiken.
- DOORDENK op systematische wijze de gegevens, maak een diagnose en bepaal wat je wilt doen.
- LEER van je ervaring door snel te beginnen en vaak te herzien.
- Raak volledig BETROKKEN door een uitdagende taak op je te nemen.
- Geef en vraag om FEEDBACK over wat goed is en wat er anders moet gebeuren.

Wij hebben tot nu toe vermeden 'vragen, aanbieden en doen'

te vermengen met 'doelstelling, systematisch denken, leren, enzovoort', uit vrees de lezer in verwarring te brengen. Dezelfde elementen kunnen op iedere taak en op vele manieren worden toegepast totdat je er vertrouwd mee bent geraakt. Als je nog steeds bezig bent ze te leren kan het echter verwarrend zijn om erover te lezen in een andere context. Misschien is de beste manier om anderen zover te krijgen het advies *over te nemen* dat op deze vijf elementen is gebaseerd, om dat advies *toe te passen* als je de taak uitvoert om hen zover te krijgen dat te doen.
Dit hoofdstuk behandelt in het kort hoe jij, als individu, de elementen om dingen voor elkaar te krijgen kan toepassen op de taak om anderen zover te krijgen deze elementen te gebruiken.

Doelstelling

Geef in je doelstelling aan welk resultaat je wilt bereiken en wanneer. Wat de omvang van de organisatie of groep waarin je werkt ook is, je moet het doel formuleren dat je wilt bereiken. Je moet concrete doelen voor verschillende tijdstippen voor jezelf opstellen, te beginnen met kleine, gemakkelijk te verwezenlijken doelen, en je moet doorwerken aan een inspirerende visie van een organisatie die veranderd is.
Overweeg het volgende voorbeeld:

> *Binnen vijf jaar* zal de firma de volgende specifieke praktijken toepassen:
>
> - Het gebruik van VOORBEREIDEN – DOEN – EVALUEREN.
> - Iedereen laten deelnemen aan de formulering van de doelen.
> - Iedereen regelmatig feedback laten ontvangen van zijn collega's (bijvoorbeeld een keer per week).
>
> *Binnen twee jaar* zal iedereen op mijn afdeling dit in praktijk brengen.
>
> *Binnen drie maanden* zal mijn naaste collega deze praktijk

hebben overgenomen en zullen wij deze praktijk samen toepassen.

Je kunt het kleinste doel nemen en dat verder ontleden.

Binnen drie maanden zal mijn naaste collega een hoop nieuwe dingen doen.
Binnen een maand zullen wij afspreken elkaar iedere vrijdag vijftien minuten feedback te geven tijdens de lunch. In die sessie zullen wij ons niet druk maken om elkaars ego; wij zullen alleen advies geven over wat er gaande is en hoe sommige dingen anders kunnen worden gedaan.
Vandaag zal hij ermee instemmen om mij advies te geven over zaken waarvan hij denkt dat ik die beter kan doen en ik zal reageren op een manier dat hij wordt aangespoord om dat nogmaals te doen.

Het bovenstaande is slechts bedoeld als een illustratief, specifiek voorbeeld. Je eigen doelen kunnen er heel anders uitzien. Ze zullen worden bepaald door je persoonlijke situatie. Het zal niet al te moeilijk zijn om een inspirerend, ver in de toekomst liggend doel te vinden. De ontwikkeling van het vermogen om de manier te veranderen waarop jij en anderen samenwerken is op zich al inspirerend. En de mate waarin je slaagt, levert de beloning op van een veel stimulerender werksfeer.
Probeer je tussentijdse doelen ook belangrijk te maken. (Iedereen van het kantoor dit boek laten lezen kan bruikbaar zijn, maar is waarschijnlijk niet een goed tussentijds doel; veel mensen lezen boeken zonder dat dat invloed heeft op hun handelwijze.) Probeer jouw doelen te richten op resultaten, op daadwerkelijke veranderingen in de manier om iets te bereiken. Probeer ook doelen te vinden waar je deze middag al aan kunt beginnen, of morgenvroeg, of tijdens de volgende vergadering.

Denken

Er bestaat niet één tactiek die de beste is voor iedere situatie, net zoals er niet één medicijn is voor alle ziektes. Voordat je anderen probeert te leiden naar een betere formulering van jullie gezamenlijke doel of jullie gezamenlijke denkproces, moet je eerst zelf systematisch nadenken over de feiten, over de redenen van problemen, over een algemene strategie wat je eraan kunt doen om deze problemen op te lossen en wat je volgende stap als lateraal leider is.

Doordenk op systematische wijze de gegevens, maak een diagnose en bepaal wat je wilt doen. Begin in kwadrant I met de zorgvuldig waargenomen feiten hoe jij en jouw collega's hebben samengewerkt. Kijk naar de dingen die goed functioneren en probeer erachter te komen waarom dat zo is. Kijk naar de probleemgebieden en probeer te begrijpen wat de oorzaak van de moeilijkheden kan zijn. Probeer er in algemene termen achter te komen wat noodzakelijk is om deze problemen op te lossen en wat je kan helpen om je doelen te bereiken. Beslis dan wat er nu moet gebeuren om je onmiddellijke doelen te bereiken.

Een van de moeilijkheden die je kunt tegenkomen, is dat je collega's anderen ideeën kunnen hebben over wat de obstakels zijn. Sommigen beschouwen jou wellicht als het obstakel. Een belangrijk onderdeel van 'denken' is de gewoonte te ontwikkelen een stapje terug te doen en op systematische wijze de situatie te overdenken en niet door op een wanordelijke wijze te reageren op ongeordende feiten.

Leren

Zorg dat je altijd leert van je eigen ervaringen. Als je lateraal leiderschap uitprobeert zul je waarschijnlijk ontdekken dat het niet zo werkt als je had gehoopt. Onderzoek andere mogelijkheden voordat je de ideeën als nutteloos verwerpt.

Misschien zijn onze ideeën niet zo goed als wij denken. Desondanks is het moeilijk een idee te beoordelen op grond van één mislukte poging zonder ook een kritische blik te werpen op de manier waarop het idee is toegepast. Indien de handelwijze die wij hebben voorgesteld sterk verschilt van jouw normale gedrag zal het moeilijk voor je zijn om het deel te laten uitmaken van je dagelijkse repertoire. Neem de tijd. Probeer

je vaardigheden te verbeteren voordat je besluit dat deze ideeën niet werken.
Stel je voor dat je wilt dat jouw baas ander gedrag gaat vertonen. Je probeert de techniek uit om hem een vraag te stellen waardoor hij zijn methodes gaat onderzoeken: 'Denk je dat wij eventueel de verkoopresultaten iedere dag kunnen bekijken en niet zoals nu om de zoveel maanden, want dan zijn wij vaak al vergeten wat er de vorige keer is gezegd.' Je baas krijgt een rood gezicht, fronst en zegt dat je beter weer aan het werk kunt gaan.
Voordat je besluit om het lateraal leiderschap op te geven, moet je enkele mogelijke verklaringen overwegen waarom het mislukte:

- Het is dwaas om een baas, wie hij dan ook is, proberen te veranderen.
- Er zijn veel manieren om mensen te veranderen, maar die staan niet in dit boek.
- Deze specifieke persoon staat niet open om iets te leren.

Enkele andere mogelijke verklaringen:

- De vraag op deze manier stellen was niet de beste benaderingswijze in dit geval.
- Mijn vaardigheid om vragen te stellen behoeft nog wat praktijkervaring.
- Een andere techniek van lateraal leiderschap had misschien beter gewerkt.

Ieder keer als je deze tactieken gebruikt en ze geen effect hebben is het van belang nauwgezet te onderzoeken wat er is voorgevallen en jezelf te vragen: 'Waarom? Wat zijn mogelijke oorzaken hiervoor?' Voordat je de gemakkelijke uitweg kiest die zegt dat dit geval hopeloos is, dringen wij er bij jou op aan eerst naar een uitleg te zoeken waarmee jij uit de voeten kunt. Soms (na een uitleg en met de toestemming van de andere persoon) kun je eventueel een geluidsopname maken als je een techniek van het lateraal leiderschap gebruikt. Of je kunt naderhand zoveel als je je kunt herinneren van het gesprek opschrijven. Hoewel het moeilijk is een gesprek op papier te zetten wordt dat door oefening steeds gemakkelijker en de beloning hiervoor kan hoog zijn. In plaats van de gemakkelijke weg om anderen de schuld te geven, kan zelfs een ruwe tekst je aandacht vestigen op wat jij hebt gezegd en wat jij anders had kunnen doen. Schaakspelers weten dat de snelste manier om hun spel te verbeteren is de zetten van hun partijen op te schrijven en daarna te zoeken naar betere zetten die zij hadden kunnen doen.

Indien je oefent en regelmatig evalueert zal je vaardigheid in het lateraal leiderschap na een jaar ongetwijfeld veel beter zijn. (Tegen die tijd heb je waarschijnlijk ook geleerd hoe je nog beter kunt worden door dingen te doen die buiten de door ons voorgestelde technieken vallen.)

Betrokkenheid

Bewerk en bepaal je rol totdat het een rol is die je volledige betrokkenheid opeist. Dit hele boek gaat over een rol die wij jou aanbieden. Wij wilden een visie schetsen van wat jij kunt doen – of wat jij kunt zijn – in je kantoor, fabriek of agentschap. Wij vinden deze rol aanlokkelijk. Misschien projecteren wij louter wat wij zouden willen doen. Onze carrières zijn gewijd aan het bedenken en verhelderen van ideeën die wij en anderen kunnen gebruiken; wij proberen anderen een effectievere handelwijze te leren. Wij zijn in deze taak succesvol geweest en willen onze gedachten openbaren, zodat jij dezelfde voldoening kunt ervaren en onze ideeën kunt toepassen. Maar misschien is dit een rol die jij niet prettig vindt om te spelen. Op zich is dat dan al waardevolle informatie voor jou.

Als het niet klopt dat jij deze rol prettig vindt, stel jezelf dan de vraag waarom dat zo is. Wat zijn jouw belangen dat ons voorstel jou niet aanspreekt? Komt de rol van een lateraal leider op jou over als een te eenzame rol? Ben je te veel een solist om te proberen het groepsgedrag te verbeteren? Als de rol die wij voorstellen jou niet aanspreekt, kun je er misschien over nadenken hoe je deze eventueel kunt aanpassen. Misschien raak je meer betrokken als je een collega vindt met wie je deze

taak als een team op je kunt nemen. Of is er misschien iets anders dat iedere morgen een opwindende uitdaging voor jou vormt?
Erachter komen wat je nog meer wilt zal je ook helpen om anderen meer te geven wat zij willen. Indien je iets ontdekt wat wij niet hebben behandeld in ons verslag over wat mensen willen van hun werk (zoals het gevoel van betrokkenheid dat het voor hen oplevert en niet de financiële beloning) dan weet jij iets extra's om anderen te geven als je probeert hen te stimuleren om de samenwerking voor het dingen voor elkaar krijgen te verbeteren.

Feedback

Maak er een routine van om waardering te uiten en om begeleiding en advies te vragen, maar ook om dat aan te bieden. Ieder aspect van de poging om invloed uit te oefenen op je collega's om de samenwerking te verbeteren kan moeilijk zijn. Zelfs als je het perfect doet, kan het nog mislukken. De kans is groot dat je het niet perfect doet.
Onderzoek niet alleen jouw prestatie. In ieder aspect van je pogingen om de samenwerking van de groep te verbeteren krijg je de kans iets van de anderen te leren. Vraag wat zij vonden van jouw pogingen om te helpen – van de manier waarop je jouw doel hebt geformuleerd tot de manier waarop je feedback hebt gegeven – en waarom. Vraag ze of er in jouw gedrag iets speciaals was waardoor zij hun interesse verloren. Vragen om feedback levert iets op wat als een voorbeeld voor anderen kan dienen evenals het vragen om ideeën hoe jij je vaardigheid als lateraal leider kunt verbeteren.

9 Wat te doen als jij de leiding hebt?

Dit boek behandelt het probleem hoe jij dingen voor elkaar kunt krijgen als je niet de baas bent. Het doet voorstellen voor groepsleden met een beperkte autoriteit om de samenwerking te verbeteren als de groep gezamenlijk een resultaat probeert te bereiken. Maar wat als jij de leiding hebt? Heeft dit boek dan ook enige relevantie voor jou?
Wij, de auteurs, denken van wel. Wij hopen dat managers op ieder niveau voorstellen over persoonlijke vaardigheden zullen vinden die hun kunnen helpen effectiever te worden op personeelsgebied. Wij hopen dat dit boek hun kan helpen een toekomstvisie te vormen waardoor leden van een organisatie beter worden in het dingen voor elkaar krijgen. Wij hopen dat het boek aan een leider met autoriteit methodes van leiderschap zal geven die de mensen binnen een organisatie op weg zullen helpen naar een betere visie.
Kortom, als iemand autoriteit heeft betekent dat niet dat hij de voorstellen niet hoeft op te volgen die in dit boek worden gedaan. Integendeel, door autoriteit en de daarmee verbonden status is het zowel gemakkelijker als effectiever om deze voorstellen in praktijk te brengen.

Wat is het probleem?

Ongeacht hoe succesvol een bedrijf is worden managers met het volgende probleem geconfronteerd: 'Kunnen wij het beter doen, en indien ja, hoe?' De resultaten van je ondergeschikten zijn niet zo goed als ze hadden kunnen zijn. Een aspect van het probleem is dat zij niet zo competent zijn in de organisatie van hun werk als jij zou willen. Je moet kostbare tijd besteden om hun te helpen de problemen op te lossen die tussen de collega's bestaan. Je moet leiding geven, omdat je er niet op kunt vertrouwen dat zij zichzelf weten te redden. Het lijkt alsof jij daar weinig aan kunt doen. Je kunt de output verhogen door te investeren in beter materiaal, maar het is moeilijk om je mensen productiever te maken. Misschien doe je te weinig om de situatie te verbeteren. Waarom?

Mogelijke diagnoses

Er zijn drie mogelijke verklaringen waarom jij niet de hulp biedt die jij zou willen bieden om het proces van samenwerking te verbeteren.

- Omdat jouw belangrijkste doel is het werk gedaan te krijgen richt je je aandacht op *belangrijk werk*.
- Omdat jij meer dan anderen de autoriteit hebt om beslissingen te nemen richt jij je aandacht op de *beslissingen die jij moet nemen*.
- Omdat je meer dan anderen de autoriteit hebt om de mensen te vertellen wat zij moeten doen *zeg jij de mensen wat ze moeten doen*.

Deze mogelijke oorzaken geven alle drie aan dat het verstandig kan zijn om meer aandacht te geven aan de *manier* waarop jij en de anderen samenwerken, aan de *manier* waarop jij beslissingen neemt en aan de *manier* waarop jij mensen beïnvloedt om dingen te doen.

Voorgestelde benadering: richt meer aandacht op de manier waarop mensen samenwerken

Besteed meer aandacht aan de manier waarop je staf werkt om betere resultaten te krijgen

In plaats van de kwaliteit en de kwantiteit van het verrichte werk in de gaten te houden, kun je meer aandacht besteden aan de controle op hoe goed iedereen omgaat met de elementen die zijn behandeld in hoofdstuk drie tot en met zeven.
Begrijpen de mensen echt het *doel* van hun pogingen, gezien vanuit de resultaten die moeten worden bereikt op verschillende tijdstippen in de toekomst? Hebben zij meegewerkt aan de formulering van deze doelen, met name de onmiddellijke doelen die zijzelf proberen te bereiken?
Doordenken de mensen *systematisch* de feiten om redenen voor succes of mislukking te vinden? Zoeken ze strategieën om verder te komen en overwegen ze specifieke acties die zij morgen moeten verrichten? Dragen mensen bij aan dit denkproces en nemen ze eraan deel?
Leren jij en jouw collega's van *ervaringen* door planning te integreren met actie? Ga je snel genoeg tot actie over? Neem je de tijd om regelmatig de resultaten van je inspanningen te evalueren, om op die manier zowel iets te leren van hun directe relevantie als van die voor de toekomst?
Worden jouw collega's voldoende gestimuleerd en uitgedaagd door hun werk? Zijn ze actief *betrokken* bij de dingen waarmee zij bezig zijn? Begrijpen zij dat het een deel van hun functie is om na te denken over de verbetering van ieders activiteiten en hoe iedereen bezig is?
Begrijpen jouw collega's in het algemeen de wenselijkheid en de voldoening die optreedt als men elkaar ondersteunt met *feedback* die bestaat uit waardering, begeleiding en advies, van boven naar beneden, van beneden naar boven of indirect? Heerst er een sfeer waarin dergelijke feedback gemakkelijk wordt gevraagd en gegeven?
Een dergelijke analyse van de werkomgeving kan mensen met autoriteit helpen de huidige situatie in te schatten en specifiek de gebieden te lokaliseren waarop de aandacht voor het werkproces op een meer bruikbare wijze kan worden gericht.

Betrek anderen in het beslissingsproces om betere besluiten te nemen

Er bestaat geen twijfel over het feit dat degenen die autoriteit hebben tevens plichten hebben. Jij hebt de verantwoordelijkheid om beslissingen te nemen aangaande de verdeling van hulpmiddelen op basis van strijdige behoeften en eisen. Steeds weer komt de verantwoordelijkheid bij jou terecht. Je kunt noch een beslissing delegeren noch hem overdragen aan een hogere autoriteit, bijvoorbeeld een raad van bestuur.
Zonder te delegeren of verantwoordelijkheid te vermijden kun je echter de kwaliteit van een beslissing verbeteren en er altijd voor zorgen dat deze sneller wordt geaccepteerd door iedereen in het beslissingsproces te betrekken die het meest door deze beslissing wordt beïnvloed.
Hier volgt een eenvoudige slogan: RAVTB, 'Raadpleeg Altijd Voor Te Beslissen'. Het doet er niet of de kwaliteit van je beslissing daardoor verandert; een beslissing zal altijd beter vallen en gemakkelijker worden doorgevoerd als degenen die ermee te maken hebben weten dat hun visie in overweging is genomen, direct of indirect. Natuurlijk kan niet iedereen over iedere beslissing worden geraadpleegd. Over veel beslissingen kan men echter, indien de tijd en de kwestie dat toelaten, al lang van tevoren veel vragen stellen, ideeën kunnen ter discussie worden gesteld, concepten kunnen circuleren om tot discussies en opmerkingen te komen. Een baas kan duidelijk maken dat hij geen beslissing delegeert of afhankelijk maakt van een meerderheid van stemmen, maar dat hij input, gegevens en advies wil krijgen.

Leid door vragen, aanbieden en doen, en verbeter zo de samenwerking

Zonder je autoriteit op te geven, kun je ondergeschikten vaak effectiever beïnvloeden door je voorbeeld dan door een direct bevel. Geef zelf het voorbeeld van wat je graag wilt zien. En vergeet niet dat jouw autoriteit een verschil uitmaakt. Als jij tegen iemand *zegt* wat hij moet doen, heeft dat meer effect dan wanneer een gelijke dat zegt. Omdat jouw positie ervoor zorgt dat 'iets meedelen' een effectievere strategie is voor jou dan voor anderen, is het verleidelijk om deze strategie te gebruiken zonder alternatieven in overweging te nemen. Je doet het omdat je het in je vermogen ligt. Je kunt echter makkelijk het feit over het hoofd zien dat je status ervoor zorgt dat andere methodes voor jou ook effectiever kunnen zijn.

Jij zult bijvoorbeeld meer impact dan anderen hebben als jij een vraag *stelt*, een suggestie of een idee ter overweging *geeft* of iets anders *doet* wat jij anderen graag ziet doen. Vaak werken deze technieken van lateraal leiderschap ook beter voor jou dan het geven van bevelen.

Dit boek bevat een groot aantal suggesties van opbouwende aard die een groepslid zonder een hogere positie of autoriteit kan navolgen. Direct hierna volgen twee lijsten. De eerste lijst somt een aantal dingen op die een lateraal leider zonder autoriteit kan doen, de tweede lijst wat een manager met autoriteit kan doen. Deze lijsten geven aan waarom wij, de auteurs, denken dat dit boek relevant is voor degenen die de leiding hebben. Misschien is het in feite wel relevanter voor hun dan voor hun die geen leiders zijn.

Enkele dingen die je kunt doen om de manier te verbeteren waarop jij en je collega's samen dingen gedaan krijgen

Zonder autoriteit kun je:	**Met de autoriteit van een manager kun je:**
Verbeter je persoonlijke vaardigheden om dingen gedaan te krijgen:	Verbeter je persoonlijke vaardigheden om dingen gedaan te krijgen:
• Geef in je doel aan welke resultaten je wilt bereiken.	• Geef in je doel aan welke resultaten je wilt bereiken.
• Denk systematisch vanuit het probleem, maak een diagnose en vind een strategie en tactiek.	• Denk systematisch vanuit het probleem, maak een diagnose en vind een strategie en tactiek.
• Leer snel van ervaring door snel tot actie over te gaan en vaak te herzien.	• Leer snel van ervaring door snel tot actie over te gaan en vaak te herzien.
• Raak volledig betrokken in een uitdagende taak.	• Raak volledig betrokken in een uitdagende taak.

- Help een sfeer te creëren van wederzijdse ondersteuning en feedback, omhoog, omlaag en indirect.

Streef het doel van de organisatie na door samen dezelfde vaardigheden te gebruiken. Werk samen naar dit doel toe:

- Stel goede vragen.
- Geef data, ideeën, suggesties en advies.
- Toon het gedrag dat je graag wilt zien.

Behandel degenen met wie je samenwerkt als collega's die betere data en ideeën kunnen hebben.
Sta open voor andere ideeën.

- Help een sfeer te creëren van wederzijdse ondersteuning en feedback, omhoog, omlaag en indirect.

Streef het doel van de organisatie na door samen dezelfde vaardigheden te gebruiken. Werk samen naar dit doel toe:

- Stel goede vragen.
- Geef data, ideeën, suggesties en advies.
- Toon het gedrag dat je graag wilt zien.

Behandel degenen met wie je samenwerkt als collega's die betere data en ideeën kunnen hebben.
Sta open voor andere ideeën.
EN:
Jij kunt beslissingen nemen die niemand anders kan nemen.
Jij kunt mensen opdragen dingen te doen.

10 *Kies ervoor te helpen*

Er is een verhaal dat een scepticus de beroemde rabbi Hillel` het volgende opdroeg: 'Reciteer de gehele thora terwijl u op één been staat.' De rabbi antwoordde: 'Doe een ander niet aan waarvan jij niet wilt dat het jou wordt aangedaan. Dat is de thora. De rest is commentaar.'
Uiteraard overschaduwt de wijsheid van grote geesten prozaïsche raadgevingen hoe jij een beter resultaat kunt bereiken door mensen beter te laten samenwerken. De reden waarom wij dit verhaal hier noemen is dat de scepticus een goed punt had. Hij hielp de rabbi in feite door hem uit te dagen zijn leer terug te brengen tot een enkele stelregel, een stelregel die:

- gemakkelijk te onthouden is;
- een richtlijn vormt om andere, complexere ideeën te interpreteren.

Hoewel onze raadgevingen in dit boek niet zo diepzinnig zijn als die van de rabbi, zullen wij proberen de kern ervan weer te geven in een korte uitspraak, 'terwijl wij op één been staan':
Kies ervoor te helpen.
Indien je je niets meer kunt herinneren van alle gedetailleerde raadgevingen of onze zorgvuldige analyses, kun je altijd terugvallen op deze zin. Als je 'kies ervoor te helpen' tot je motto maakt, kun je de plank nooit erg misslaan.

Kies ervoor te helpen

Als anderen niets doen en hun tijd verspillen of als er domme keuzes worden geaccepteerd kun jij degene zijn die iets probeert te doen. In 1966 werden de mensen in een flatgebouw gewekt door het geschreeuw van een vrouw die op de binnenplaats werd overvallen. Tientallen mensen deden het licht aan en keken uit hun raam om te zien wat er aan de hand was. Iedereen ging ervan uit dat iemand anders de politie zou bellen. Niemand deed het. De overvaller kwam later terug en vermoordde Kitty Genovese die daar nog steeds was.
Het is gemakkelijk, zelfs natuurlijk, om je zo te gedragen. Hoewel de gevolgen zelden zo afschuwelijk zijn, komt dezelfde dynamiek ook elke dag in iedere organisatie voor. Het gebeurt iedere keer als wij deelnemen aan een vergadering die tot niets leidt. Het gebeurt wanneer wij een taak ontdekken die door niemand wordt volbracht; wij kijken de andere kant op en doen alleen wat ons is opgedragen. Wij hopen dat iemand anders het zal doen; zij hopen dat wij het zullen doen. Maar er gebeurt niets.
Je kunt ervoor kiezen betrokken te raken. Als je ziet dat er ergens iets moet gebeuren, kun je daar iets aan doen in plaats van te wachten tot iemand anders het doet. Jij kunt de persoon zijn die iets probeert te doen om de vergadering, je afdeling of je bedrijf te redden.

Kies ervoor om te *helpen*

Om een verschil uit te maken hoef je je niet te gedragen alsof jij de baas bent. Het heft in handen nemen en bevelen geven is niet het enige alternatief voor niets doen. Ervoor kiezen te helpen betekent anderen bij het trekken van de kar te betrekken. Het gaat niet alleen om de ontwikkeling en toepassing van jouw vaardigheden, maar het gaat ook om anderen te helpen hun vaardigheden te ontwikkelen en te gebruiken. Je instinctmatige reactie hoeft niet te zijn dat jij de leiding in handen neemt, maar kan ook het stellen van goede vragen zijn, ideeën opperen of beginnen met wat er gebeuren moet.

Waarom zou ik dat doen?

Misschien heeft de lezer de aanmoedigende toon opgemerkt van de voorafgaande hoofdstukken waarin de auteurs bespreken wat *zij* wenselijk achten dat jij zult doen. Het wordt je vergeven als je vraagt: 'Maar wat heb ik eraan?'

Dit boek benadrukt dat iedereen – nou ja, bijna iedereen – een baan wil hebben die hij of zij uitdagend vindt, die het zelfrespect vergroot en die het respect van anderen oproept. De auteurs geloven dat de rol om de wijze te verbeteren waarop mensen in een organisatie samenwerken op je nemen ook zo'n baan is.

Verveeld op het werk? Dan zul je de opdracht om te kiezen voor verandering te bewerkstelligen door hulp te geven verfrissend en uitdagend vinden. Of je nu beurshandelaar, ingenieur, verpleegkundige, directeur of assistent bent, de bewuste poging om de manier te verbeteren waarop mensen samenwerken is waarschijnlijk volstrekt anders dan wat je iedere dag doet. Je bent al lang genoeg volwassen om voldoende mensenkennis te hebben en iets aan te pakken. En er staat niets in je functieomschrijving dat je verbiedt om iets meer te doen.

Ben je bang dat alles wat jij doet niet van belang is? Als jij een betere interactie kunt bewerkstelligen kun je de belangrijkste persoon in je organisatie worden.

En je hoeft je geen zorgen te maken. Je zult nooit gebrek aan uitdagend werk hebben.

Wij werken allemaal op basis van veronderstellingen: veronderstellingen over wie wij zijn, wat mensen doen, wat geëigend is of niet, wat een goede manier is om ons leven in te vullen enzovoort. Je moet voorlopige veronderstellingen maken. Je kunt er niet voor kiezen geen veronderstellingen te hebben. Je kunt er echter voor kiezen welke veronderstellingen je aanneemt. Om je te helpen bij het denken over wat voor soort veronderstellingen je zou willen hebben, volgt hier een lijst van twee verschillende reeksen veronderstellingen.

Wij kiezen onze voorlopige veronderstellingen
Welke zou jij kiezen?

Enkele veel gebruikte veronderstellingen	*Enkele andere veronderstellingen die je kunt aannemen*
Problemen zijn de fout van iemand anders.	Misschien kan ik een verschil uitmaken.
Er is niet veel wat ik kan doen om het gedrag van anderen te veranderen.	De makkelijkste manier om het gedrag van anderen te veranderen is mijn gedrag te veranderen.
Wat ik probeer, zal waarschijnlijk niet werken.	Alleen door uit te proberen, ontdek ik wat werkt.
Als het niet eerder heeft gewerkt, probeer het dan niet opnieuw.	Weloverwogen volharding levert vaak resultaten op.
Proberen iets te doen waar ik niet goed in ben, kan beschamend zijn.	Iedereen leert nieuwe vaardigheden door dingen te proberen waar zij niet goed in zijn.
Enkele van deze ideeën zijn nutteloos.	Ik kan enkele van deze ideeën overnemen en hun nut ontdekken.
Sommige dingen hebben er nog nooit zo erg uitgezien.	Er is zelden zoveel ruimte geweest voor verbetering.
De wereld is in wezen een verschrikkelijke plek; uiteindelijk sterven we allemaal.	Het is plezieriger om een optimist te zijn.
Ik wil daar niet bij betrokken zijn.	Hoe meer betrokken ik raak, des te intensiever wordt mijn leven.
Ik kan me drukken door de andere kant op te kijken.	Ik kan ervoor kiezen te helpen.

Ons laatste punt is dit. Kijk eens naar deze twee lijsten met veronderstellingen. Welke lijst lijkt jou het leukst? Welke leidt tot een interessanter en meer voldoening gevend leven? Welke

veronderstellingen geven je een beter gevoel als je ze leest? Het advies van de auteurs is die kolom te kiezen en deze te bewerken totdat je een reeks voorlopige veronderstellingen hebt die je bereid bent aan te nemen.
Ga er dan mee aan de slag, althans voor de komende tijd, totdat je een beter alternatief hebt gevonden om voor te kiezen.

OPMERKING: Commentaar, ideeën en suggesties zijn van harte welkom. De auteurs hopen dat er zoveel reacties zullen komen dat zij ze niet kunnen beantwoorden. Schrijf de auteurs op het volgende adres: Harvard Negotiation Project, 1563 Massachusetts Avenue, Cambridge, MA 02138, Verenigde Staten.

Analytische inhoudsopgave